U0376646

向日葵
白锈病和黑茎病

陈卫民　乾义柯　著

中国农业出版社

图书在版编目（CIP）数据

向日葵白锈病和黑茎病 / 陈卫民，乾义柯著 . —北京：中国农业出版社，2016.7
ISBN 978-7-109-21878-9

Ⅰ.①向… Ⅱ.①陈… ②乾… Ⅲ.①向日葵—病虫害防治 Ⅳ.①S435.655

中国版本图书馆 CIP 数据核字（2016）第 156303 号

中国农业出版社出版
（北京市朝阳区麦子店街 18 号楼）
（邮政编码 100125）
责任编辑 张鸿光 阎莎莎

中国农业出版社印刷厂印刷 新华书店北京发行所发行
2016 年 7 月第 1 版 2016 年 7 月北京第 1 次印刷

开本：700mm×1000mm 1/16 印张：12.25
字数：218 千字
定价：48.00 元
（凡本版图书出现印刷、装订错误，请向出版社发行部调换）

内 容 提 要

　　本书为我国第一部关于向日葵白锈病与黑茎病的症状、发病规律及防治技术等研究的系统性专著，内容较全面，较好地反映了我国在向日葵白锈病和黑茎病研究方面所取得的主要成就和当前的研究水平，因而在教学、科研和生产实践方面有重要的参考价值。

　　本书共分30章。第一章概述了向日葵的起源传播、分布、种植面积及产量，向日葵的分类及生物学特性，向日葵的用途。第二至三十章分别介绍了向日葵白锈病国外研究现状；向日葵白锈病发生为害情况、症状特点与地理分布、病原菌及其生物学特性、病害循环、发生流行因素；向日葵白锈病菌的分子检测技术；向日葵种质资源对白锈病的抗性；向日葵白锈病的风险性评估；35％精甲霜灵（金捕隆）悬浮种衣剂拌种防治向日葵白锈病效果；6种药剂对向日葵白锈病的田间防治；向日葵白锈病的防治技术；向日葵白锈病的基本研究方法；向日葵黑茎病国外研究现状；向日葵黑茎病发生为害情况、症状特点与地理分布、病原菌及其生物学特性、种子带菌检测、病害循环与传播介体；向日葵黑茎病菌的分子检测技术；向日葵种质资源对黑茎病的抗性；向日葵黑茎病的风险性评估；3种杀菌剂拌种防治向日葵黑茎病效果；4种杀菌剂对向日葵黑茎病的田间防治；向日葵黑茎病的防治技术；播期和种植密度对向日葵黑茎病及白锈病发生的影响；几种药剂组合处理对向日葵黑茎病的防病增产效果；覆膜加药剂处理对向日葵白锈病、黑茎病发生及产量的影响；向日葵黑茎病的基本研究方法。

前　言

　　向日葵白锈病和黑茎病是世界向日葵生产中的重要病害，是中国新入侵的两种外来有害生物。向日葵白锈病于 2000 年 6 月下旬首次在中国新疆特克斯县发现，该病主要为害向日葵叶片、叶柄、花瓣、茎秆和花萼，自苗期到开花、结籽期均可为害，尤其以现蕾期为害严重，后期叶片干枯，可造成 10%～15% 减产。向日葵黑茎病于 2005 年 9 月首次在中国新疆新源县发现，该病在田间可为害向日葵地上各部位，形成黑色病斑，引起严重的叶斑、叶枯、茎斑、花盘腐烂、茎折倒伏、提前成熟等症状，重病田发病率可达 100%，死亡率达 51% 以上，减产 20%～80%，给我国向日葵产业发展带来了巨大的威胁。在新疆科技厅/自然科学基金项目"伊犁河谷油葵白锈病发生规律及防治技术研究（200421114）"和"向日葵主要病原菌基因芯片检测技术研究（201318101-20）"、成果转化项目"向日葵白锈病和黑茎病防控技术集成与推广（201454101）"、科技特派员项目"向日葵黑茎病综合防治技术体系研究与示范"，新疆教育厅/重点项目"外来入侵有害生物向日葵黑茎病的发现、侵染规律与防控技术研究（XJEDU2008I46）"、青年教师培育基金项目"向日葵重要病原菌高通量分子检测技术研究（XJEDU2011S47）"，国家质量监督检验检疫总局科研项目"进境向日葵检疫性病原菌快速检测及检疫处理技术研究（2011IK168）"等 9 个项目支持下，我们对新入侵的两种外来有害生物进行了 16 年的系统研究。同时，查阅相关资料，但国外在这方面的研究报道较少，尤其在向日葵白锈病的症状类型、复播向日葵白锈病流行规律、花瓣症状，复播向日葵黑茎病流行规律，以及向日葵黑茎病传播介体、野生寄主等方面，国外未见相关研究。为了总结 16 年来对向日葵白锈病和黑茎病研究所取得的成果和经验，以供科研教学人员、院校学生以及从事油料作物管理、向日葵病虫害防治工作人员和向日葵种植户参考，我们编写了《向日葵白锈病和黑茎病》一书。

在向日葵白锈病和黑茎病研究和本书编写过程中，得到了西北农林科技大学商鸿生教授、云南农业大学张中义教授、新疆农业大学赵震宇教授、新疆出入境检验检疫局张祥林研究员及其学生刘彬、新疆农业大学郭庆元博士及其学生轩娅萍、西北农林科技大学胡小平博士及其学生宋娜、中国检验检疫科学研究院吴品珊研究员、天津出入境检验检疫局廖芳研究员和罗加凤高级农艺师、伊犁师范学院焦子伟博士以及阿勒泰地区农业技术推广中心邓世豪推广研究员、杨静飞推广研究员、李冬梅站长、高建诚高级农艺师，博州农业技术推广中心姚建华推广研究员，伊犁哈萨克自治州农业技术推广中心何海明推广研究员、张冬梅高级农艺师、米娜农艺师，新源县农业技术推广站马福杰推广研究员，特克斯县种子站廖真剑站长，特克斯县农业技术推广中心韩乃勇高级农艺师，霍城县农业技术推广中心李勤忠推广研究员，伊犁职业技术学院乌斯满江高级讲师，我的学生张映合、刘芸霞、张金霞、王杰花、荆珺、韩丽丽、荆秀、韩若汐、高霞、徐盼盼等同志的大力协助。根据内容需要，本书引用了国内同行专家的有关资料，在此一并表示感谢！受成书时间和作者学识所限，本书难免有不足与错误之处，希望读者批评指正。

陈卫民

于新疆伊宁

2016 年 4 月 1 日

目　录

绪　　言

一、向日葵的起源和传播

向日葵（*Helianthus annuus* L.）亦称葵花，属菊科（*Compositae*）向日葵属（*Helianthus*），原产于北纬 30°～52°的北美洲南部和西部的广大地区，以及秘鲁和墨西哥北部等地，约 1510 年传入欧洲。在 1576 年植物学文献中，名之为"太阳花"，沿用至今。向日葵最初是作为观赏植物种在植物园里，以后作为干果食用，18 世纪初引入俄国才开始大面积种植。1779 年匈牙利开始用于榨油，此后才作为油料作物栽培。

向日葵在 16 世纪末或 17 世纪初传入我国，至今已有近 400 年的历史。最早的文献记载见于 1621 年明代王象晋所著的《群芳谱》，称之为丈菊、西番菊和迎阳花。1688 年清代陈扶摇著《花镜》开始用"向日葵"之名，并描述其形态为"茎丈余，秆坚粗如竹，叶类麻，多直生，无有旁枝，只生一花，大如盘盂，单瓣色黄，心背作窠，如蜂层状"。此后如《长物志》《植物名实图考》《盐碱物产志》都对其有所描述。可见，我国人民早就对向日葵有所研究，但长期以来只把它作为花卉观赏或干果食用，零星种植。1956 年以后才把它作为油料作物栽培，当年播种面积 22.8 万 hm²，总产量 14.3 万 t，单产628.5kg/hm²，到 1979 年它才被正式列为国家油料种植计划，1981 年发展到1 039.8万 hm²，总产量 1 333.15 万 t，单产 1 280kg/hm²，成为我国四大油料作物之一。

二、向日葵的分布、种植面积及产量

向日葵主要分布在俄罗斯、乌克兰、阿根廷、罗马尼亚、中国、西班牙、印度、法国、土耳其和美国等 40 多个国家。

据联合国粮农组织统计，2011 年全球向日葵种植面积约为 2 605 万 hm²，产量为 4 020.6 万 t。俄罗斯是种植面积最大的国家，达到 722.1 万 hm²，占全球向日葵种植面积的 27.72%，乌克兰位居第二位，种植面积为 471.7 万hm²。在这些播种面积中绝大部分是油用向日葵。

2013 年我国向日葵种植面积为 113.09 万 hm²，总产为 194.6 万 t，其中食葵面积较大，种植区域主要分布在内蒙古、新疆、山西、宁夏、甘肃、黑龙江、陕西、吉林和辽宁。新疆是全国第三大油葵产区，每年播种面积约 10 万 hm²（表 1 - 1）。由于向日葵对干旱、严寒、盐碱、瘠薄都有一定的耐性，所以它已成为新疆半干旱区和轻盐碱区高产、稳产的主要油料作物。

表 1 - 1　新疆 2000—2013 年向日葵种植面积、产量

时间	种植面积（×10³hm²）	总产量（×10³t）	单产（kg/ hm²）
2000 年	157.05	354.7	2 258.5
2001 年	99.76	233.1	2 336.6
2002 年	96.60	232.6	2 407.9
2003 年	100.07	258.0	2 578.2
2004 年	85.55	219.0	2 559.9
2005 年	84.62	216.9	2 563.2
2006 年	64.29	161.7	2 515.2
2007 年	96.41	253.9	2 633.5
2008 年	172.44	428.7	2 486.1
2009 年	155.74	414.0	2 658.3
2010 年	164.87	441.1	2 675.4
2011 年	163.65	453.6	2 771.7
2012 年	148.19	414.4	2 796.45
2013 年	145.77	419.0	2 874.15

三、向日葵的分类及生物学特性

(一) 向日葵的分类

向日葵的分类方法较多，根据染色体数目、用途及某些性状的表现分类。这些分类方法，基本都是基于育种实践出发的。

1. 按染色体数目分类　向日葵属植物是多态性的，有很多种，根据染色体数目多少，可将它们分为二倍体种（2n＝34）、四倍体种（2n＝68）和六倍体种（2n＝102），一般栽培品种多属于二倍体种。Xecigep 分类是将向日葵分为 4 组共 68 个种。

第一组：具有直根的一年生和多年生种，二倍体有 14 个种。

第二组：生长在北美西部的多年生种，二倍体有 5 个种，四倍体或六倍体

有 1 个种，共 6 个种。

第三组：生长在北美东部和中部的多年生种，包括二倍体、四倍体和六倍体，可分为 5 个种群。

第四组：南美的丛生多年生类型，有 18 个种。

2. 按用途和性状分类

（1）按种子用途分类：

①食用型。籽实大，长 15～25mm；果壳厚而有棱，皮壳率为 40%～60%；出油率低，籽粒含油率在 30%～50%；植株比较高大繁茂，株高多在 2.5m 以上；生育期较长，多为 120～140d，多为中熟、晚熟种。食用型品种一般抗锈病力较差，但比较耐叶斑病。

②油用型。与食用型相反，子实小，长 8～15mm；果壳较薄，皮壳率为 20%～30%；出油率高，籽粒含油率为 50%～70%；植株较矮，多为 1.5～2.0m；生育期较短，多为 80～120d，多为中熟种或早熟种。油用型品种一般抗锈病力较强，而抗叶斑病力较差。

③中间型。生育性状和经济性状介于食用型和油用型二者之间，籽实既可以作为食用，也可以榨油，但两方面的用途都不突出。

④观赏型。观赏向日葵又名美丽向日葵。观赏向日葵花朵硕大，鲜艳夺目，枝叶茂密，是新颖的盆栽观赏植物。

（2）按生育期长短分类：

①极早熟种。生育期在 100d 以下。

②早熟种。生育期为 100～110d。

③中熟种。生育期为 110～130d。

④晚熟种。生育期在 130d 以上。

（3）按植株高矮分类：

①矮株类型。株高在 1.2m 以下。

②次矮株类型。株高 1.2～1.7m。

③次高株类型。株高 1.7～2.0m。

④高株类型。株高在 2.0m 以上。

（4）按种壳有无硬皮层分类：

①有硬皮层型。种壳的木栓组织和薄壁组织之间有硬细胞层，种壳不易被向日葵螟等害虫咬破，成为抗螟虫类型，现有的油用向日葵均属于这种类型。种壳颜色为黑色或灰色，或者是灰色带有黑色条纹。

②无硬皮层型。与有硬皮层型相反，在种壳的木栓组织和厚壁组织之间没有硬细胞层，种壳易被向日葵螟等害虫咬破，为不抗向日葵螟类型，现有的食用向日葵属于这种类型。种壳有的是白色，而通常间有黑灰色条纹。

（二）生物学特性

向日葵是 1 年生草本，高 1～3m。茎直立，粗壮，圆形多棱角，被白色粗硬毛。叶通常互生，心状卵形或卵圆形，先端锐突或渐尖，有基出 3 脉，边缘具粗锯齿，两面粗糙，被毛，有长柄。头状花序，极大，直径 10～30cm，单生于茎顶或枝端，常下倾。总苞片多层，叶质，覆瓦状排列，被长硬毛。夏季开花，花序边缘生黄色的舌状花，不结实；花序中部为两性的管状花，棕色或紫色，结实。瘦果，倒卵形或卵状长圆形，稍扁压，果皮木质化，灰色或黑色。

四、向日葵的用途

（一）向日葵籽粒

向日葵浑身是宝，具有较高的食用和经济价值。葵花籽油是世界 3 大主流食用油种之一。葵花籽仁含油量高，榨出的油营养丰富，是国际市场畅销品，俄罗斯等国都用葵花籽油作为其主要食用油。近 20 年来，我国葵花籽生产发展很快，成为仅次于大豆的重要油料，葵花籽还可以作脯炒食、药用、工业油用，并可作为饲料，葵花籽饼粑是家禽、家畜的好饲料，同时也可作生产味精、酱油的原料。

我国向日葵品种分食用向日葵和油用向日葵两种，其中食用向日葵产量占70％，100 万 t 以上，这其中又有 20 万 t 用于剥仁，其余用于炒货。油用向日葵占 30％，40 万 t，主要用于榨油，葵花籽油年产量约为 50 万 t。

1. 油用向日葵　食用油是关系国计民生的重要产品，随着我国市场经济制度的建立和完善，粮油市场的逐步开放，食用油行业的发展已呈现出勃勃生机。目前我国生产大豆、花生、油菜籽色拉油的厂家较多，而向日葵精炼油生产还没有形成较大的规模。向日葵已成为世界第四大食用油源，葵花籽油品质好，清亮，微带酱黄色，香美可口，亚油酸含量高达 65％～73.9％。近代医学证明，亚油酸有助于将沉积在人体肠壁上过多的胆固醇脱离排泄出去，降低血清胆固醇的浓度，改善血液循环，从而可以软化血管、防止动脉硬化及其他血管疾病的发生，经常食用对预防动脉粥样硬化、高血压和冠心病都有良好作用。葵花籽油从成分上看优于其他植物油，含有丰富的维生素 E、B 族维生素和胡萝卜素，可以防止心血管病的发生，延缓衰老。葵花籽油由于对人体健康更为有益，所以与橄榄油一起被国际心脏协会推荐为最佳食用油。葵花籽油被誉为"健康营养油"。世界各国人民对向日葵油的食用兴趣日益增长，需求量也日益增加。橄榄油价格昂贵，每千克在 100 元以上，不适于中低水平收入的群体消费，而葵花籽油价格仅约为橄榄油的 1/10，因此具有广阔的市场前景。

葵花籽油属半干性油，品质优良，在工业上容易精炼加工。其亚麻酸含量仅为 0.2%，具有良好的干性油特性，用作油漆的原料，不会因时间的延续而变质；用于皮革处理，会使皮革坚韧柔软而光亮。除此之外，葵花籽油还是化妆品、印刷用油、人造奶油、糕点、塑料、树脂、胶片、聚酯、润滑油、香皂、肥皂、卵磷脂及蜡烛的重要原料。在医药工业上可提取亚油酸制作降压药品。

目前，我国植物油年产量在 1 100 万 t 左右，其中葵花籽油产量约为 50 万 t。全国食用油每年消费量在 1 400 万 t 左右，其中葵花籽油仅占 4%～5%。我国的植物油包括葵花籽油生产还不能满足国内的消费，仍需从国外大量进口。因此，发展油用向日葵产业，加工精炼葵花籽油有较广阔的市场发展空间。

2. 食用向日葵 食用向日葵用途极广，向日葵籽仁含有蛋白质 21%～30%，子实腌煮、烘烤制成五香瓜子，是人们喜食的大众化零食佳品。美国医学家历时 6 年，对 3.4 万人的食谱及其与心脏冠状动脉疾病关系进行研究，结果认为，能有效预防心脏病的唯一食品类就是坚果类（向日葵籽等）。如从未吃过这类坚果的人，患心脏病的危险性为 100%，而坚持每天至少吃 1 次坚果的人患心脏病的危险性只有 47%，在一定限度内，坚持每天吃坚果的次数越多，得心脏病的危险性越小。葵花籽中含有大量的食用纤维，能降低结肠癌的发病率，葵花籽中丰富的钾元素对保护心脏功能，预防高血压非常有益；葵花籽中所含植物固醇和磷脂，能够抑制人体内胆固醇的合成，防止血浆胆固醇过多，可防止动脉硬化；葵花籽又有综合性的抗癌作用，对增进营养、健身防病和防癌抗癌都有积极作用。现代研究发现，葵花籽中含的维生素 B_3 有调节脑细胞代谢改善其抑制机能的作用，故可用于催眠，葵花籽仁的亚油酸含量很高，这是一种对人体非常重要的脂肪酸，有助于降低人体的血液胆固醇水平。人体不能自行产生亚油酸，一般只能从食物中摄取，葵花籽仁就是这种营养很好的来源。葵花籽仁富含维生素 E 及精氨酸，能提高人体免疫功能。

（二）向日葵花盘

向日葵花盘浸膏透析液对心血管系统的药理作用：对麻醉或清醒动物灌胃 4g/kg、静注 2g/kg 给药，均可引起较明显的降压反应。向日葵花盘含粗蛋白 10%～20%、粗脂肪 6.5%～10.5%、粗淀粉 40%～48.9%，粗蛋白含量与燕麦粒和大麦粒相近，而粗脂肪含量高出 1 倍多，是猪和牛的好饲料。采集晒干粉碎后，添加到猪的日粮中，一般可添加 10%～15%，猪喜食，并且食后生长发育较快。向日葵花盘中含有丰富的果胶，可提取低脂果胶，不仅可满足食品、医药工业的部分需要，还可以变废为宝。

（三）向日葵根、茎、叶

向日葵可以平肝祛风，清湿热，消滞气。向日葵全身是药，其种子、花盘、茎叶、茎髓根、花等均可入药。葵花籽油可作软膏的基础药；茎髓为利尿消炎剂；叶与花瓣可作苦味健胃剂；果盘（花托）有降血压作用。精制向日葵油产生的磷脂及从油渣中提取的植酸钙镁，可用于治疗神经系统缺磷和发育不良症，再加工制成的肌醇是治疗肝炎的珍贵药品。

（四）向日葵副产品

向日葵副产品是优良饲料并且具有多方面用途。油葵种子的皮壳约占种子重量的 20%，皮壳内含有粗蛋白 13%、粗脂肪 2.7%，用作饲料具有开胃、润肠作用，成本较低。工业上用皮壳制造活性炭，提取糠醛、丙酮，还可压制纤维板。榨油后的饼粕含蛋白质 30%～36%、脂肪 8%～11%、淀粉 19%～22%，可作为制作酱油、醋等的原料，也是饲养家禽、家畜的精饲料。

利用向日葵生产生物柴油，可以走出一条农业产品向工业产品转化的富农强农之路，有利于调整农业结构，增加农民收入。如果在我国西部地区大力发展生物柴油产业，必然会给地方发展提供新的机遇，使得落后的西部借机增加第二产业的比例，并带动第一产业，将会促进西部与东部的协调发展，促进当地农村和城镇的协调发展。

五、向日葵的药用价值

《中药大辞典》和《中国医药大词典》中记载：向日葵籽性味甘平，入大肠经有驱虫利痢透脓血的功效；榨出的向日葵油有良好的降脂降压作用，还有高效的润肤功能。向日葵的花盘有清热化痰、利便去炎、降压、凉血止血的功能，对头疼头晕有效；将葵盘晒干研成细末，每次 5g，黄酒送服，每日 3 次，可治疗功能性子宫出血；将葵盘水煎加红糖饮用，克制经痛。向日葵的花可清热解毒，消肿止痛，祛风明目，治头昏，止牙痛。向日葵的茎叶可疏风清热，清肝明目。取茎叶 5g、大枣 10 枚，水煎服，可治眼红目赤，泪多；向日葵的茎芯可健脾、利湿、止带，对治疗尿道结石有良好疗效。

第二章　向日葵白锈病国外研究现状

一、地理分布

据报道，向日葵白锈病已在美国、阿根廷、南非、比利时、匈牙利、前苏联、罗马尼亚、法国、加拿大、澳大利亚、塞尔维亚、德国、玻利维亚、肯尼亚、津巴布韦、乌拉圭等国家发生。

二、发生为害

T. J. Gulya 等于 1992 年在《Plant Disease》上发表了"向日葵上的 *Albugo tragopogonis* 在南美首次报道"一文，在美国堪萨斯州少数油葵和食葵上首次发现由 *Albugo tragopogonis* 引起的向日葵白锈病，1993—1995 年又陆续在这个地区西部的 9 个县出现此种病害，发生率为 35%。向日葵白锈病于 1996 年和 1997 年出现在晚播的向日葵上。1994—1997 年，在美国的科罗拉多州东部栽培和野生的向日葵上首次发现该病。在栽培和野生的向日葵叶片上都出现极为相似的脓包状物，叶片正面脓包呈凸起状，叶片变黄，背面凹进发白。脓包一般出现在植株的中部 3～6 片叶上，侵染面积 10%～40%。1997年，在堪萨斯州西部与科罗拉多邻近地区栽培向日葵茎秆的中下部，1～2 cm 大小的水渍状病斑上发现 *A. tragopogonis* 的卵孢子，这是首次报道的关于栽培产区发现的向日葵白锈病。

Wyk P. S. van 等于 1999 年在《Helia》上报道了"*Albugo tragopogonis* 侵染向日葵的头部和种子"，并对此病的为害症状及无性和有性孢子的产生情况作了如下描述：白锈病的典型症状表现为叶片表面有小的、黄色的斑点，有带有孢囊孢子的白色脓包，孢囊孢子是真菌的无性阶段，产生在叶表皮下方。同时还观察到一些异常的表现症状，例如叶片上的斑点，叶柄泛灰和茎秆上的灰斑。在研究中发现，该真菌还为害向日葵头部。此外，*Albugo tragopogonis* 的卵孢子形成在总苞叶和花托基部，有性阶段形成于花盘基部。由此得出结论，卵孢子可产生于苞叶盘、花托和种子表面，而花盘和冠毛上则不能产生。

H. Krüger 等于 1999 年在《Canadian Journal of Botany》上报道了"关于向日葵茎秆和叶柄上 *Albugo tragopogonis* 组织病理学说"——由 *Albugo tragopogonis* 引起的向日葵茎秆上的病斑从最初侵染到扩展，不能导致系统侵染。细胞分裂和胼胝质的形成过程中没有发现该病原菌，但在木质部中发现被侵染的组织。菌丝在茎秆的新生组织、外皮、维管束、木髓的细胞间产生。叶柄的薄壁组织比皮下组织病原菌定植的要多，在细胞切片中可见，已侵染的组织发生溶解，细胞退化，最终破裂消解。茎秆的侵染最终导致组织坏死，削弱茎秆，最终倒伏。

A. Vijoen 等于 1999 年在《Plant Disease》上报道了"造成向日葵种子白锈的病原菌——*Albugo tragopogonis*"——在南美，以前从未栽培过向日葵的地块发现由 *Albugo tragopogonis* 引起的向日葵白锈病。这一结果表明，病害有可能来自种子调运。田间试验和育种试验发现 A. tragopogonis 在向日葵花盘广泛定植，已经被侵染的向日葵花盘是由两种不同的病斑类型组成。且病原菌只能定植在少数几个向日葵品种的种子上，卵孢子产生在内种皮和外种皮上，胚上没有卵孢子和菌丝产生。本文是首次报道关于 A. tragopogonis 引起的病害可以通过种子传播。

1999 年 A. Viljoen 和 G. Kong 报道，在南非向日葵上发生了白锈病。由 Wyk P. S. van 等于 1995 年在《Helia》上报道了"南非向日葵早期倒伏——由 *Albugo tragopogonis* 侵染引起"，发现由 A. tragopogonis 侵染引起向日葵茎秆（灰色）、叶柄、花托上产生的白锈病。在过去的两个生长季，南非的向日葵栽培区也遭受了早期倒伏。对这种病害发生模式和症状在实验室和田间试验已有所研究。茎秆上类似擦伤的病斑能导致茎秆折断，在花盘膨大期，通过卵孢子侵染的下部叶片，最终也可导致茎秆折断。早期倒伏症状在很多地区已有报道，在某些地区损失可高达 80%。也发现在少数植株上 A. tragopogonis 引起的系统侵染。

Z. Piszker 于 1995 年在《Novenyvedelem》上报道了"匈牙利向日葵上出现白锈病（病原菌 *Albugo tragopogonis*）"——由 A. tragopogonis 造成 RHA-274 和 RHA-325 恢复系的向日葵表现出很高的侵染比例。而 HIR-34B 和 RHA-340 的恢复系没有出现病害症状。匈牙利采用 HA-89A 和 HA-89B 作为向日葵杂交育种亲本后显示出中度感病，而在保留系 803-1 上，向日葵的叶片表面出现较大损害，上部叶片高度损坏。

A. Penaud 和 A. Perny 于 1995 年在《Phytoma La Defense Des Vegetaux》上报道了"向日葵白锈病（法国）"——1994 年，法国西南部发生了 *Albugo tragopogonis* 严重侵染向日葵的现象。该报道还对其产生的症状，造成的产量损失，病害的侵染循环和控制其发生的方法进行了讨论。

V. Ivancia 和 M. Craiciu，于 1989 年在《Cercetari Agronomice in Moldova》上报道了"罗马尼亚向日葵的一种新病害——白锈病"——来自于罗马尼亚的由 *Albugo tragopogonis* 造成的向日葵白锈病。

F. Castano 等于 2005 年在《Helia》上报道了"对于部分向日葵上白锈菌和核盘菌发生反应的评价"——美国艾奥瓦州艾姆斯的植物引进部门的北方中心地区对由白锈菌和核盘菌在向日葵叶片和花盘上的侵染，各做了 30 种评价。数据分析显示，在相同的实验条件下，潜育期内白锈反应比白腐严重，评价的标准是根据每种侵染类型的抗病水平来划分的。在评价的材料中没有发现对白锈和白腐表现抗性好的。PI 343790 品种表现出最高的抗性水平，而抗性最低的是 Ames 3224、Ames 4040 and Ames 4050，因而，这一结果可以运用于用基因的方法来提高向日葵的抗性研究中。

2005 年，美国 Castano 报道了艾奥瓦州向日葵白锈病致病的病原菌、侵染症状、发病规律以及针对不同向日葵品种进行的抗病性鉴定。

C. Crepel 等于 2006 年 3 月在《Plant Disease》上报道了由 *Albugo tragopogonis* 引起的向日葵白锈病，这是该病害在比利时的首次报道。

此外，M. Thines 等人报道了德国新发生的向日葵白锈病的为害、病原特征及传播特性等；H. Voglmayr 等人报道了向日葵白锈病菌等 12 种白锈菌的分子特征及其亲缘性关系；A. Riethmuller 等人报道了采用 PCR 法分析霜霉属和白锈菌属真菌的系统发育特征；Saeedr. Khan 报道了白锈病菌的细胞壁结构。

三、病原形态与生物学

向日葵白锈病病原菌菌丝无色，有分枝，产生短的孢囊梗，大不为（40～50）$\mu m \times$（12～15）μm，孢子囊成串产生。孢子囊球形、卵形或多角形，单胞，无色，大小为（18～22）$\mu m \times$（12～18）μm。卵孢子褐色至浅黑色，壁有刺突，生于寄主组织，大小为 $68\mu m \times 44\mu m$。孢子囊在水滴中 30min 就可萌发，产生游动孢子。孢子囊萌发不需光照，温度范围为 4～35℃，适温 12～15℃。游动孢子直径 6～12μm，具有 1 条鞭毛。游动孢子经短时间游动后变为静止孢子，静止孢子在 4～20℃范围内萌发，适温 15℃，萌发后产生 1 根偶有 2 根芽管。

病原菌在病残体中和自生向日葵上越冬，有多次再侵染。游动孢子从叶片上的气孔侵入，在气孔下腔内变为静止孢子，萌发后产生胞间菌丝和吸器。侵染和发病适温是 10～20℃，比较冷凉（12～18℃）和湿润的条件适于病原菌侵染，降雨或重露是重要流行因素，春播向日葵易发病。随着气温升高，侵染减少。

四、病害症状与为害情况

向日葵白锈病在多数有该病发生地区是次要病害，但南非在 1992—1993 年和 1993—1994 年生长季，出现了严重的茎斑型症状，造成倒伏，严重的倒伏达 80％以上，造成重大的经济损失。

向日葵白锈病发病部位主要是叶片，在叶片正面产生淡黄色或淡绿色病斑，直径 1～2mm，叶片背面相对应的部位形成突起的白色疱斑，疱斑的表皮破裂后散出白色粉末状的孢子囊。疱斑可相互会合，形成大斑块。有时叶柄、茎秆和花盘也发病。叶片上有多个病斑时，或苗期发病时，病叶可变褐枯死。20 世纪 90 年代中期在南非等地发现了一种新的症状类型，在茎秆基部形成褐色擦伤状病斑，造成茎秆破裂，病株倒伏。花盘也可被侵染，苞片上生病斑。茎秆和叶柄上生灰斑和暗色卵孢子。

五、传播途径与防治研究

生长期间孢子随风雨传播。种子可以传病，种子的果皮和种皮中产生卵孢子，但未发现胚中有卵孢子或菌丝。

国外向日葵白锈病防治研究的文献较多，重要的防病途径和方法有：种植抗病品种、种子处理、轮作、栽培措施及早期药剂防治等。

第三章

向日葵白锈病发生与为害

　　新疆伊犁地区自1994年开始引进向日葵品种美国G101（油用型）试种、推广，1997年大面积种植，据特克斯县农业技术推广中心1998年6月17日中期测报，该县已发生向日葵白锈病。新源县农业技术推广站·2000年在该县别斯托别镇调查时，当地农民反映，向日葵白锈病1999年已在该镇发生。以上两个县是新疆伊犁地区向日葵主要种植区，1994—1997年推广G101品种，同时白锈病开始发生并累积菌量，导致1998—1999年小面积发生，2000年由于降雨多而大面积发生。向日葵白锈病菌除为害油用型向日葵外，还为害食用型和观赏型向日葵。

　　向日葵白锈病在伊犁河谷不同年份发生面积：2001年800hm²；2004年12 266.67hm²；2007年16 866.67hm²；2012年21 866.67hm²。其中2002年在新源县调查3个乡镇，45个地块，调查面积231hm²，发生面积222hm²，发病率达96%，病情指数37；2002年8月在新疆生产建设兵团第四师70团的复播油用型向日葵DK3790品种上发病率达100%；2005年7月，新源县向日葵白锈病病情指数为8.88～39.99，平均19.74；2006年，在霍城县复播品种DK3790病株率达35.71%，病叶率12.30%，病情指数为3.67；同年，在博尔达拉蒙古自治州新疆生产建设兵团第五师84团复播向日葵田发现向日葵白锈病局部发生为害；2007年，该病害在博乐州温泉县及周围团场进一步蔓延；2009年，向日葵白锈病在博乐州普遍发生，在局部田造成，减产10%。根据新疆维吾尔自治区植物保护站2010年资料显示：向日葵白锈病在新疆北部地区普遍发生，发病率达5%～20%，大流行时发病率达80%。2011年9月5日在新疆生产建设兵团第四师70团复播向日葵田调查，平均发病率达86%，平均病情指数为19.63。2012年7月初特克斯县向日葵白锈病发病率为17%～100%，多数在70%以上，病情指数为2～59，多数在25以上。2015年，新源县抗病品种TO12244平均病情指数为8.93，感病品种KWS204平均病情指数为23.21。

　　2005年9月调查，在新源县80hm²复播向日葵KWS204品种上发生白锈病，经测产造成减产70%。2005年向日葵白锈病在特克斯县、新源县和霍城县造成的产量损失分别约为10%、15%和10%（复播油用型向日葵）。

图 3-1　向日葵白锈病苗期为害状

图 3-2　向日葵白锈病苗期大田为害状

图 3-3　向日葵白锈病蕾期为害状

图 3-4 向日葵白锈病为害状（单株）

图 3-5 向日葵白锈病为害叶片（中后期）

图 3-6 向日葵白锈病为害状（花期）

图 3-7 向日葵白锈病枯死
叶片上的孢囊层

图 3-8 向日葵白锈病为害复播向日葵（苗期）

图 3-9 向日葵白锈病与霜霉病同株发生

图 3-10　向日葵白锈病大田为害状

图 3-11　观赏型向日葵　　　　图 3-12　观赏型向日葵大田白锈病为害状
　　　　　白锈病为害状

第四章

向日葵白锈病的症状特点与地理分布

一、症状特点

向日葵白锈病主要为害向日葵叶片、茎秆、叶柄、花瓣和花萼。叶部症状明显，多发生在中下部叶片上，严重时可蔓延至上部叶片。发病初期，叶片正面产生淡绿色或淡黄色病斑，直径 0.1～0.2cm，叶片背面相对应的部位形成突起的白色或淡黄色疱斑，疱斑表皮破裂后散出白色粉末状的孢子囊。严重时病斑可连接成片，造成叶片发黄枯死。有时叶背孢子堆散生，直径 0.01～0.1cm，亦有集生次生孢子堆，白色至乳黄色，内有白色粉状物（孢子囊和孢囊梗）。

茎秆发病，前期，受害部位表现为暗黑色水渍状并肿大，后期病茎肿大部分失水凹陷，凹陷处产生白色粉末状孢子囊，严重时还可造成向日葵植株倒伏。

叶柄发病，前期，受害部位呈现暗黑色水渍状水肿，后期产生白色疱状物，即病菌孢子囊和孢子梗。

花瓣发病，前期表现为暗灰色水渍状，后期产生扭曲、畸形，其上产生白色疱状物。

花萼发病，前期受害部位表现为暗黑色水渍状，后期多产生扭曲、畸形病状，花萼尖干枯其上产生白色疱状物。

向日葵白锈病田间症状呈多样性，研究表明，白锈病症状的多样性与白锈病菌侵染部位、侵染时期、环境条件、寄主抗性等关系密切。经 16 年的田间调查研究，依据向日葵寄主叶片的反应和症状特点将向日葵白锈病症状归纳为叶片疱斑型、散点型、叶脉型、叶边型，茎秆黑色水肿型和破裂型等 9 种类型。

1. 疱斑型（图 4-1 至图 4-7） 为淡黄色疱斑型，该症状是向日葵田间白锈病的主要症状类型。发生在中下部叶片，严重时可蔓延至上部叶片。叶正面呈淡黄色疱状凸起病斑，病斑直径最大为 20cm、最小为 3cm、平均 8cm，叶片背面相对应的部位产生白色至灰白色的疱状斑，疱状斑可相互汇合，形成大病斑块，后期渐变为淡黄白色，内有白色粉末状的孢子囊和孢囊梗。病斑多时可连接成片，造成叶片发黄变褐枯死并脱落，对向日葵产量影响较大。

图 4-1 向日葵白锈病疱斑型——初期

图 4-2 向日葵白锈病疱斑型——中期

图 4-3 向日葵白锈病疱斑型——后期

图 4-4 向日葵白锈病疱斑型——
初期（叶背）

图 4-5 向日葵白锈病疱斑型——
中期（叶背）

图 4-6　向日葵白锈病疱斑型——
　　　　后期（叶背）

图 4-7　向日葵白锈病病叶背面的孢囊层

2. 散点型（图 4-8 和图 4-9）　　发生在叶片上，叶正面病斑呈淡黄色，背面有许多白色疱状点即较小的孢子堆。孢子堆在叶背散生，大小为 0.11～1cm，白色有光泽，内有白色粉状物（孢子囊和孢囊梗）。严重时病斑连接成片，造成叶片发黄变褐而枯死，对向日葵产量影响较大。

图 4-8　向日葵白锈病散点型——叶片正面

图 4-9　向日葵白锈病散点型——叶片背面

3. 叶脉型（图4-10和图4-11）　　也称沿叶脉斑点型。在向日葵叶片正面沿叶脉形成淡黄色病斑，对应背面有许多疱状点即白色小孢子堆，沿叶脉形成，后期局部坏死，叶片变褐枯死，影响光合作用，对向日葵产量影响较大。

图4-10　向日葵白锈病叶脉型——
　　　　叶片正面

图4-11　向日葵白锈病叶脉型——
　　　　叶片背面

4. 叶边型（图4-12和图4-13）　　从叶片边缘向内侵染形成浅白色的病斑，造成叶片四周边缘向内卷曲，内有白色孢囊层，后期叶片边缘变褐枯死。

图4-12　向日葵白锈病叶边型——
　　　　叶片正面

图4-13　向日葵白锈病叶边型——
　　　　叶片两边边缘内卷

5. 茎秆水肿型（图4-14和图4-15）　　也称黑色水肿型。发生在较细、瘦弱的向日葵茎秆上，病斑一般分布在离地面50～80 cm以内，前期受害部位为暗黑色水渍状斑并肿大，后期肿大部位失水并凹陷，在凹陷处产生白色粉末状孢囊层，严重时可造成向日葵茎秆折断。

图4-14　向日葵白锈病茎秆黑色　　　　图4-15　向日葵白锈病茎秆黑色
　　　　水肿型前期症状　　　　　　　　　　　　　　水肿型后期症状

6. 茎秆破裂型　发生在较粗的向日葵茎秆上，在茎秆基部向上0～50cm
范围内形成褐色擦伤状病斑，造成茎秆纵向破裂，病株倒伏，倒伏率高达
30%以上，造成严重的经济损失。

7. 叶柄症状（图4-16和图4-17）　一般发生在叶柄上中部，被害部位
暗黑色水渍状，后期产生白色疱状物，即病菌孢子囊和孢囊梗。

 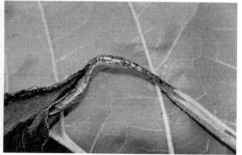

图4-16　向日葵白锈病叶柄暗灰色　　　　图4-17　向日葵白锈病后期叶柄产生
　　　　水渍状病斑　　　　　　　　　　　　　　白色孢囊层

8. 花瓣症状（图4-18和图4-19）　向日葵花瓣受害后，前期产生暗灰
色水渍状病斑，后期扭曲、畸形，从花瓣上中部逐渐干枯，其上产生白色疱状
物即孢子囊和孢囊梗。

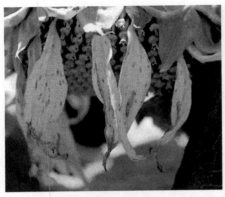

图 4-18　向日葵白锈病花瓣上褐色病斑

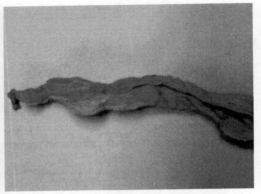

图 4-19　向日葵白锈病花瓣病斑后期产生白色孢囊层

9. 花萼症状（图 4-20 和图 4-21）　向日葵花萼萼片受害后，前期受害部位表现为暗黑色水渍状，后期多扭曲、畸形，从花萼尖向内逐渐干枯，其上产生白色疱状物即孢子囊和孢囊梗。影响灌浆，造成向日葵瘪粒增加。

图 4-20　向日葵白锈病花萼症状——前期　　　图 4-21　向日葵白锈病花萼症状——后期

二、地理分布

向日葵白锈病只发生在我国新疆（图 4-22），主要分布在新疆伊犁河谷：特克斯县、新源县、新源监狱、巩留县、昭苏县、尼勒克县、伊宁县、霍城县、察布查尔县、伊宁市及新疆生产建设兵团第四师 61 团、62 团、63 团、64团、65 团、66 团、67 团、68 团、69 团、70 团、71 团、72 团、73 团、78 团、79 团；塔城地区：塔城市；博尔塔拉蒙古自治州：温泉县、博乐市、新疆生产建设兵团第五师 84 团；昌吉回族自治州：玛纳斯县、昌吉市、奇台县、木垒县、阜康市；阿勒泰地区：阿勒泰市、福海县、北屯市、布尔津县；石河子市；乌鲁木齐市。如图 4 - 22 所示。

图 4 - 22　新疆向日葵白锈病分布示意图

第五章　向日葵白锈病病原菌和生物学特性

一、名称

1. 学名　*Albugo tragopogonis*（Pers.）S. F. Gray

2. 异名　*Albugo tragopogi*（Persoon）Schroter；*Cystopus tragopogonis*（Pers.）J. Schrit.

二、分类地位

向日葵白锈病病原菌为鞭毛菌亚门（Mastigomycotina）卵菌纲（Oomycetes）霜霉目（Peronosporales）白锈菌科（Albuginaceae）白锈菌属（*Albugo*）。根据相关资料和室内镜检结果，确定向日葵白锈病病原菌为婆罗门参白锈菌［*Albugo tragopogonis*（Pers.）S. F. Gray］引起。

三、病原形态

向日葵白锈病菌菌丝无色，无隔，分支，产生短的孢囊梗，（31.48～59.19）μm×（6.07～16.12）μm。孢子堆直径 0.15～1mm。孢子囊梗短棍棒形、无色、较粗、向下渐细、不分枝、单层排列（30.7～58.9）μm ×（10.2～13.8）μm，平均（44.5μm×12.5）μm。孢子囊成串产生，孢子囊球形、扁球形或多角形，单胞，无色，壁膜中腰增厚，（16.32～21.18）μm×（15.12～20.54）μm。藏卵器无色，近球形或椭圆形，（33.3～62.5）μm ×（33.3～62.5）μm，平均 43.9μm ×43.9μm。卵孢子褐色至黑色，近球形，壁有刺突，沿叶脉生或散生于叶组织内，淡褐色至深褐色，网纹双线，边缘有较高的突起（壁有刺突）生于寄主组织中，大小（46.57～66.82）μm×（45.49～65.77）μm。向日葵叶片 1 个视野内的卵孢子数量最多23个，最少2个，平均12个。

四、主要生物学特性

　　孢子囊在水滴中经 30 min 就可萌发，产生游动孢子。孢子囊萌发不需光照，温度范围为 4～35℃，适温 12～15℃。游动孢子直径 6～12μm，有 1 条鞭毛。游动孢子经短时间游动后，变为静止孢子，静止孢子在 4～20℃ 范围内萌发，最适温度为 15℃，萌发后产生 1 根偶尔 2 根芽管。

图 5-1　向日葵叶片背面白锈病菌孢囊层

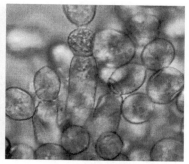

图 5-2　白锈病菌孢囊梗和
孢囊孢子

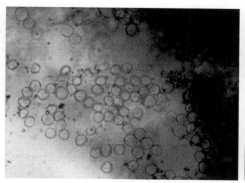

图 5-3　白锈病菌孢囊孢子

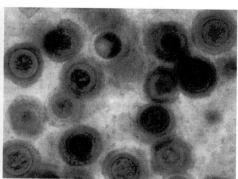

图 5-4　白锈病菌卵孢子

第六章

向日葵白锈病的病害循环

一、种子带菌

（一）检验方法

以向日葵种子的种壳（种皮）、种仁和种仁皮为主要检测部位，确定向日葵种子是否带菌。将瘦果剥开分为果皮和种仁两部分，分别放入烧杯内乳酚油中，酒精灯加热，沸腾后保持 2min，透明后冷却备检。

在解剖镜下，用解剖刀和拔针分别从果皮内取下内果皮，再分别置于比色盘的凹槽中，滴入棉蓝—藏花红染色液 4～6 滴，染色 16h。染色后用 95％酒精洗去多余染液。内果皮与种皮分别用乳酚油作浮载剂制片镜检。

（二）检验结果

在低倍显微镜下，可清晰看到染成蓝色的菌丝体、吸器、卵孢子，寄主细胞为浅红色，易于区分。向日葵白锈病菌菌丝在寄主细胞间隙蔓延。菌丝管状无隔，粗细不均匀，菌丝上生多数近球形或不规则形的吸器。

经透明染色法检测，向日葵种子的种壳（种皮）和种仁膜中发现卵孢子，胚中未发现卵孢子，证明向日葵种子携带白锈病菌，种子可远距离传播该病害（表 6-1）。

表 6-1　向日葵种子携带白锈病菌卵孢子（伊宁，2008）

序号	品种	种壳（种皮）（个）	种仁膜（个）	种仁（胚）（个）
1	DK3790	6	2	0
2	美国 G101	5	1	0
3	康地 101	3	2	0
4	新葵杂 5 号	3	3	0
5	矮大头（567DW）	4	1	0

二、初侵染来源与再侵染

向日葵白锈病菌在新疆以卵孢子存在于种子上，随同种子远距离传播。同时卵孢子主要在病残体（叶片）、自生向日葵、土壤和种子上越冬，为向日葵白锈病的主要初次侵染来源；其次带有卵孢子病残体的农家肥，也是初侵染来源。翌年向日葵播种出苗后，土壤中病残体和种子上的卵孢子萌发，在适宜的环境条件下产生游动孢子，游动孢子从向日葵叶片背面气孔入侵，在气孔下腔内变为静止孢子，静止孢子萌发后产生胞间菌丝和吸器，胞间菌丝在向日葵叶片细胞间蔓延，以不规则形吸器穿透向日葵叶片的细胞壁，在向日葵叶片表皮下形成孢子堆，并突破表皮外露，病斑上产生孢子囊和孢囊梗，借风雨传播，进行再侵染，田间再侵染频繁。病菌近地面传播依靠游动孢子随水流动而扩散，田间游离水是该菌扩散的一个重要因素，叶面生成的孢子囊随风雨吹溅做短距离扩散。卵孢子一般在 7 月底至 8 月初产生。

病害流行与降雨量、低温有关。低温、高湿为向日葵白锈病发病条件，发病适宜温度为 11～26℃。

三、病害的季节流行规律

以新疆伊犁河谷向日葵主要种植区新源县、特克斯县、巩留县为例，依据 2002—2015 年的系统调查资料，绘制向日葵白锈病病情指数的时间动态曲线，可看出：

正播向日葵：向日葵白锈病在新源县 6 月上、中旬开始发生，7 月上、中旬为病害发生高峰期，7 月底病情发展缓慢，8 月上、中旬病情停止；在特克斯县，6 月下旬开始发病，7 月下旬至 8 月上、中旬为病害发生高峰期，8 月下旬病情发生缓慢，9 月上、中旬病情停止（图 6 - 1、图 6 - 2）。

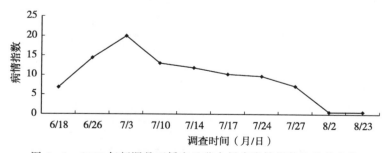

图 6 - 1　2005 年新源县正播向日葵白锈病病情指数的季节变化

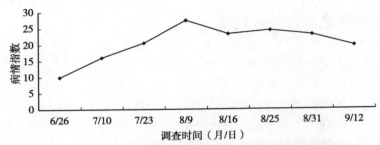

图 6-2　2004 年特克斯县正播向日葵白锈病病情指数的季节变化

复播向日葵：向日葵白锈病在巩留县 7 月下旬开始发生，8 月底至 9 月上、中旬为发病高峰期，9 月下旬至 10 月初病害逐渐停止发展（图 6-3）。

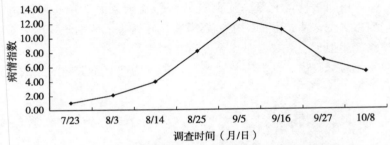

图 6-3　2010 年巩留县复播向日葵白锈病病情指数的季节变化

2015 年新源县以正播品种新葵杂 4 号、新引 711、澳优为对象对向日葵白锈病病情指数进行调查，可以看出多雨年份向日葵白锈病侵染时间长，发病高峰期延后（图 6-4）。

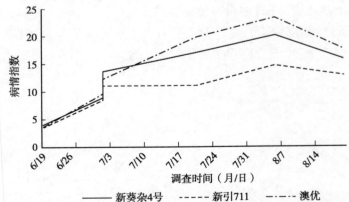

图 6-4　2015 年新源县正播向日葵白锈病病情指数的季节变化

四、侵染循环

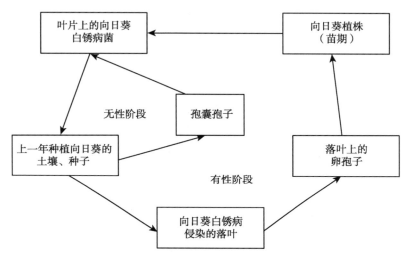

图 6-5　新疆伊犁地区向日葵白锈病侵染循环示意图

五、海拔与病害发生的关系

通过调查证实，较高海拔的山区适宜向日葵白锈病发生和发展。伊宁县县城海拔 771m 比较低，是平原地区，病害发生轻；新源县县城海拔接近 1 000m，属山区，病害发生较重；特克斯县县城海拔 1 210.4m，是较高海拔山区，向日葵白锈病发生重；新源县那拉提海拔 1 400m，是高海拔山区，向日葵白锈病发生很重（表 6-2）。

表 6-2　不同海拔与向日葵白锈病发生程度的关系

序号	地点	调查时间（年-月-日）	品种	海拔（m）	病情指数
1	伊宁县县城	2007-07-11	3 790	771	4.7
2	新源县县城	2007-07-12	3 790	928.2	10.3
3	特克斯县县城	2007-07-11	3 790	1 210.4	22.7
4	新源县那拉提	2007-07-12	3 790	1 400	34.9

向日葵白锈病和黑茎病

六、栽培管理与病害发生的关系

通过调查证实，连作地，病残体多，白锈菌菌源累积量大，发病重；施用氮肥过多、过晚，尤其是蕾期施氮肥过多的发病重；低洼排水不良的田块和田间湿度大的田块发病重。

28

第七章 **向日葵白锈病发生流行因素**

一、2004—2009 年向日葵白锈病病情指数

2004—2009 年新疆特克斯县向日葵白锈病病情指数见表 7-1。

表 7-1　2004—2009 年向日葵白锈病病情指数（新疆特克斯）

时间（月/日）	2004 年	2005 年	2006 年	2007 年	2008 年	2009 年
6/26	9.90	9.80	9.86	11.46	8.68	18.70
7/10	15.98	10.30	13.46	15.30	10.36	26.45
7/23	20.48	11.90	17.86	20.56	13.75	37.36
8/09	27.45	13.06	20.00	28.60	16.98	48.09
8/16	23.18	20.00	26.20	32.60	21.36	57.62
8/25	24.30	14.43	23.70	27.20	18.30	50.00
8/31	22.95	7.22	21.21	25.63	15.40	45.30
9/12	19.58	0.56	16.35	22.21	12.70	37.68

从表 7-1 可以看出，2004—2009 年向日葵白锈病初发期为 6 月中、下旬，8 月中旬为向日葵白锈病发病高峰期，8 月底至 9 月初病情开始减退。2005 年和 2008 年向日葵白锈病发生较轻，2006 年发生比 2004 年略重且低于 2007 年，2009 年为发病最重年份。

二、向日葵白锈病发生与气象因子的关系

（一）降水量与向日葵白锈病发生的关系

图 7-1 为 2004—2009 年 5～8 月新疆特克斯县总降水量柱形图。

由图 7-1 可知，2007 年 5～8 月 4 个月的降水量累计达 330.7mm，为降水量最高年份；其次为 2004 年、2009 年、2006 年，这 3 年 5～8 月 4 个月的降水量累计分别为：230.3mm、226.4mm、215.2mm，其中 2005 年 5～8 月 4 个月降水量累计较低为 207.6mm，2008 年 5～8 月 4 个月降水量累计最低仅有 178.1mm。

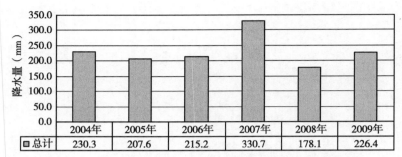

图 7-1　2004—2009 年 5～8 月新疆特克斯总降水量

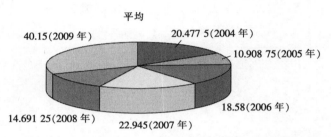

图 7-2　2004—2009 年向日葵白锈病病情指数（新疆特克斯）

由图 7-1 和图 7-2 可知，2004—2009 年 5～8 月各年总的降水量与向日葵白锈病发生程度密切相关，由降水量和向日葵白锈病病情指数建立回归方程 $y=-48.39+12.49R$，可知降水量与病情指数呈显著正相关，相关系数为 1.04，通过 $a=0.1$ 置信度检验；当卵孢子量达到一定程度时，由图 7-1、图 7-2 可知，降水量大时，向日葵白锈病发生严重。

（二）降雨次数与向日葵白锈病发生的关系

表 7-2　2004—2009 年 6～8 月的降雨次数（新疆特克斯）

年份	6 月	7 月	8 月	总计
2004	10	13	11	34
2005	16	13	11	40
2006	16	15	7	38
2007	10	18	15	43
2008	19	14	12	45
2009	12	10	15	37

由表 7-2、图 7-2 可以看出，2004—2009 年连续 6 年 6～8 月各年总的

降雨次数与向日葵白锈病的发生无关。2005 年和 2008 年降水量少但是降雨次数较多，而 2004 年、2007 年、2009 年的降水量均高于 2005 年、2008 年，降雨次数却少于 2005 年、2008 年，因此，降雨次数与向日葵白锈病的发生无关。

（三）日照时数与向日葵白锈病发生的关系

由图 7-3 可知，2004—2009 年 6～8 月各年的日照时数与向日葵白锈病发生程度密切相关，由日照时数和病情指数建立回归方程 $y = 1\,176.71 - 15.52S$，可知日照时数与病情指数呈显著负相关，相关系数为 0.78，通过 $a = 0.1$ 置信度检验。由图 7-3 和图 7-2 可知，当日照时数值越大向日葵白锈病发生越轻，反之则重。

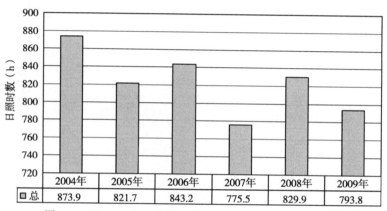

图 7-3　2004—2009 年 6～8 月（新疆特克斯）日照时数

（四）温度与向日葵白锈病发生的关系

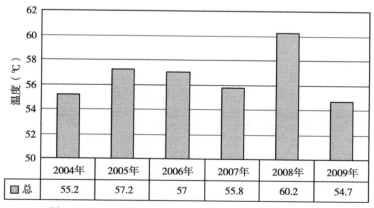

图 7-4　2004—2009 年 6～8 月（新疆特克斯）温度

由图 7-4 可以看出，2008 年 6～8 月的温度高于 2004 年、2005 年、2006 年、2007 年、2009 年，其次是 2009 年 6～8 月的温度低于 2004 年、2005 年、2006 年、2007 年、2008 年。由图 7-2 可知，2005 年、2008 年向日葵白锈病发病较轻，2004 年、2007 年、2009 年发病较重。由温度和病情指数建立回归方程 $y = 60.06 - 0.15T$，可知气温与病情指数呈显著负相关，相关系数为 0.22，通过 a=0.1 置信度检验，说明温度对向日葵白锈病有抑制作用，即温度低向日葵白锈病发生就重，反之就轻。

表 7-3 2004—2009 年 6～8 月（新疆特克斯）温度

年份	气温								
	6 月			7 月			8 月		
	最低	最高	平均	最低	最高	平均	最低	最高	平均
2004	0.5	20.9	17.7	13.3	23.8	19.4	15.1	23.6	18.1
2005	15.5	22.6	18.8	15.2	25.9	20.5	10.7	22.7	17.9
2006	12.5	21.3	17.4	13.1	23.9	19.6	16.9	23.7	20.0
2007	13.2	21.9	18.2	13.2	23.4	18.9	15.1	23.1	18.3
2008	16.9	23.9	20.1	16.1	23.0	20.4	15.3	25.3	19.7
2009	10.2	21.7	16.9	15.2	22.8	19.0	15.5	24.1	18.8
平均	11.5	22.0	18.2	14.4	23.8	19.6	14.7	23.8	18.8

由表 7-3 可知，2004—2009 年 6 月向日葵白锈病侵染时所需最低温度为 0.5℃，最高温度为 23.9℃，平均温度为 18.2℃；2004—2009 年 7 月向日葵白锈病发病期所需最低温度为 13.1℃，最高温度为 25.9℃，平均温度为 19.6℃；2004—2009 年 8 月向日葵白锈病发病盛期所需最低温度为 10.7℃，最高温度为 25.3℃，平均温度为 18.8℃。

三、结论

（1）降水量与向日葵白锈病的发生程度呈正相关，即降水量大，有利于向日葵白锈病的发生和发展；与降雨次数无关；日照时数、温度与向日葵白锈病的发生呈负相关，天气晴朗、温度高、日照充足的天气不利于向日葵白锈病的发生发展。

（2）向日葵白锈病的发生程度与卵孢子越冬量、重茬种植、品种的抗病性、栽培管理等可控性条件相关，当可控性条件一定时，气象因子是影响向日葵白锈病发生发展的主要因素。

（3）向日葵白锈病侵染和发病适温为 10～26℃，冷凉（12～18℃）和湿润的条件适于病原菌侵染，降雨或重露是重要流行因素。春播向日葵易发病。随着气温的升高，侵染速度减小。

（第八章）

向日葵白锈病菌的
分子检测技术

向日葵种子在数量和重量上均位居我国进境植物繁殖材料的前列。向日葵白锈病菌是专性寄生菌。向日葵白锈病菌常规检测为种子检测，开展对向日葵白锈病菌的快速检测技术研究显得非常迫切和实际。目前，国内已建立起该病菌的分子生物学检测技术。主要包括巢式 PCR 检测、实时荧光 PCR 检测、基因芯片检测等。

一、普通 PCR 及巢式 PCR

（一）材料与方法

1. 供试材料和试剂　向日葵白锈病病叶采自新疆新源县，同时采取健康向日葵叶片作对照。

所用 PCR 试剂、核酸提取试剂盒、胶回收试剂盒等均购于大连宝生物工程有限公司；PGM－T 克隆试剂盒购于北京天根生化科技公司；引物由上海生工公司合成。

2. 核酸的提取　采用试剂盒提取向日葵白锈病叶上孢子囊基因组 DNA，同时提取健康的向日葵叶片基因组 DNA。

3. 卵菌纲通用引物扩增　采用已报道的卵菌纲通用引物 NL1/NL4 对供试材料进行 PCR 扩增。引物序列如下：

NL1：5′－ GCATATCAATAAGCGGAGGAAAAG － 3′；

NL4：5′－ GGTCCGTGTTTCAAGACGG － 3′

PCR 反应体系 $25\mu L$：$10 \times$ Buffer $2.5\mu L$，25mmol/L $MgCl_2$ $1.8\mu L$，2.5mmol/L dNTP $2\mu L$，5U/μL TaqDNA 聚合酶 $0.2\mu L$，10μmol/L 上、下游引物各 $1\mu L$，DNA 模板 $2\mu L$。

反应条件：预变性 94℃/3min；94℃/1min，52℃/1min，72℃/1min，共 35 个循环；72℃延伸 10min。

4. 特异性引物设计　根据测序结果与网上发布的向日葵白锈病菌核苷酸序列比对，利用生物学软件 DNAMAN 设计该病菌的特异性引物 P3（5′－ CTTGCAGTCTCTGCTCGG － 3′）和 P4（5′－ ACTGACTTTGACTCCTCCT － 3′），由上海生物工程有限公司合成。

5. 巢式 PCR 检测　选择向日葵白锈病菌、苋菜白锈病菌和向日葵上分离到的其他病原物作为供试材料，按照上述方法提取核酸，NL1/NL4 进行第一轮 PCR 扩增，产物稀释 500 倍取 $2\mu L$ 做模板，再用 P3/P4 引物进行第二轮 PCR 扩增，扩增产物 1.5％琼脂糖凝胶电泳。

反应体系 $25\mu L$：$10\times$ Buffer 2.5 μL，25mmol/L $MgCl_2$ 1.8 μL，2.5mmol/L dNTP $2\mu L$，5U/μL Taq DNA 聚合酶 $0.2\mu L$，10μmol/L 上、下游引物各 $1\mu L$，DNA 模板 $2\mu L$。

反应条件：预变性 94℃/3min；94℃/50s，56℃/50s，72℃/50s，共 35 个循环；72℃延伸 7min。

6. 电泳检测　取 PCR 产物 $5\mu L$，在 1.5％琼脂糖凝胶、$1\times$TAE 电泳缓冲液、90V 电压条件下电泳 40min，置凝胶成像系统观察分析。

（二）结果

1. 引物 NL1/NL4 PCR 扩增结果　采用卵菌纲通用引物 NL1 和 NL4 对向日葵白锈病菌 DNA 进行 PCR 后得到一条约 750bp 的电泳条带，同预期结果一致（图 8-1）。健康向日葵叶片核酸 PCR 后得到一条约 700bp 电泳条带。

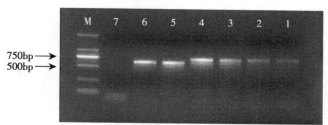

图 8-1　NL1/NL4 扩增向日葵白锈病菌和健康叶片结果

M. DNA Marker DL 2000　1~4. 向日葵白锈病菌　5~6. 向日葵健康叶片　7. 空白

2. 巢式 PCR 检测结果　由图 8-2、图 8-3 可知，向日葵白锈病病叶第一轮扩增得到两条条带约 600bp 和 700bp，经第二轮 PCR 后，仅得到 370bp 的条带；向日葵白锈病菌第一轮有 700bp 条带，第二轮有 370bp 条带。苋菜白锈病病叶经第一轮扩增后得到约 600bp 的条带，第二轮无条带；向日葵茎点霉菌第一轮也得到 600bp 条带，第二轮无条带；健康向日葵第一轮扩增后得到 600bp 的条带，第二轮 PCR 扩增后，无条带；所以可以初步判断这对引物是特异的，也是可行的。

（三）小结

根据资料记载和目前的研究，向日葵白锈病菌的寄主只有向日葵，属专性寄生菌，无法培养。该病的检验方法主要是依据田间症状进行诊断，种子带菌

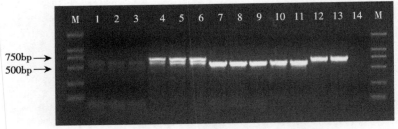

图 8-2 引物 NL1/NL4 第一轮 PCR 电泳结果

M. DNA Marker DL 2000 1~3. 苋菜白锈病病叶 4~6. 向日葵白锈病病叶

7~9. 向日葵茎点霉 10~11. 向日葵健康叶片 12~13. 向日葵白锈病菌 14. 空白

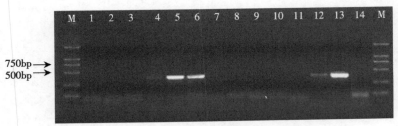

图 8-3 引物 P3/P4 第二轮 PCR 电泳结果

M. DNA Marker DL 2000 1~3. 苋菜白锈病病叶 4~6. 向日葵白锈病病叶

7~9. 向日葵茎点霉 10~11. 健康叶片 12~13. 向日葵白锈病菌 14. 空白

可以通过解剖后用透明染色法检测。但是，田间症状诊断在发病初期很难从症状上鉴别，尤其是新的症状类型；种子检测操作复杂，且检测结果不稳定，对技术和经验要求比较高，实施难度比较大，不能够满足快速检测的要求。而随着分子生物学技术的飞速发展，利用分子生物学方法对真菌病害进行快速检测的研究得到了广泛的应用，如 PCR、实时荧光 PCR、RAPD、AFLP、RFLP 及基因序列分析方法等，用到的基因序列包括 ITS、IGS、mtDNA、延长因子基因、微管蛋白基因、肌动蛋白基因、黑色素合成酶基因、交配型基因和磷酸甘油醛合成酶基因等。黄国明等（2008）利用通用引物和特异性引物的结合，成功建立了 4 种小麦矮腥黑穗病菌 PCR 检测方法。刘彬等（2011）利用卵菌纲通用引物 NL1/NL4 对向日葵白锈病菌进行 PCR 扩增，得到一段 732bp 的基因，通过系统研究该段基因，设计向日葵白锈病特异引物，成功建立了一套巢式 PCR 检测方法。虽然第一轮 PCR 扩增后向日葵健康叶片出现与向日葵白锈病菌目的条带大小相近的条带，导致难以准确区分，但在第二轮 PCR 扩增后向日葵健康叶片就无条带出现，说明该检测结果可以区分向日葵白锈病菌和健康向日葵，同时也证明所设计引物的特异性强。

二、多重 PCR

　　DPO（Dual priming oligonucleotide）引物是由 Chun 等于 2007 年第一次提出，主要原理为其引物包含两个各自独立的特异性引物区域，5′端序列由 18～25 个碱基组成并与靶基因序列配对，3′端序列由 6～12 个碱基组成用来引导 PCR 反应的特异性延伸，这两段独立的特异性区域利用寡聚次黄嘌呤（Inosine，I）进行连接，由于次黄嘌呤比一般碱基的退火温度低，在退火时寡聚次黄嘌呤形成类似泡状的结构，从而使 5′和 3′区域形成两个独立功能的双特异性引物结构，并且研究表明 5′和 3′引物区域中任何有 3 个及以上碱基的错配，PCR 反应将不能进行，而且由于其特殊的结构，引物自身以及引物之间很少形成二级结构且对退火温度不敏感。该技术的优点主要在于它对退火温度等影响普通多重 PCR 的关键因素不敏感，适用范围广，为多重 PCR 技术的应用提供了新的前景。目前该技术已经广泛应用于细菌、病毒等方面的检测中。基于以上技术，张娜等（2015）建立了一种多重 DPO - PCR 方法同时检测向日葵白锈病菌和向日葵黑茎病菌，为两种检疫性病害的快速鉴定提供方法。

（一）材料与方法

1. 材料　9 个供试菌株详见表 8 - 1。

表 8 - 1　供试材料

序号	编号	病原菌	来源
1	Y179	向日葵黑茎病菌（*Leptosphaeria lindquistii*）	伊犁检验检疫局
2	BX001	向日葵白锈病菌（*Albugo tragopogonis*）	伊犁检验检疫局
3	TX41	向日葵黑白轮枝菌（*Verticillium albo -atrum*）	上海检验检疫局
4	GJ118	向日葵大丽轮枝菌（*Verticillium dahliae*）	伊犁检验检疫局
5	ATCC62680	向日葵茎溃疡病菌（*Diaporthe helianthi*）	美国菌种保藏中心
6	Y1306	向日葵霜霉病菌（*Plasmopara halstedii*）	伊犁检验检疫局
7	NL - 7	向日葵菌核病菌（*sclerotinia sclerotiorum*）	伊犁检验检疫局
8	H615	向日葵褐斑病菌（*Septoria helianthi*）	伊犁检验检疫局
9	YX0812	向日葵锈病菌（*Puccinia helianthi*）	新疆检验检疫局

　　2. 真菌培养及基因组 DNA 的提取　参照《植病研究方法》（方中达，1998）中植物病原真菌分离方法，从向日葵病株上分离得到表 1 中所列病原菌，并经形态鉴定和 ITS 序列测定为目的病菌。对不能纯培养的菌株（向日葵白锈病菌、向日葵锈病菌、向日葵霜霉病菌）可直接采集感病植株液氮充分

研磨后，采用试剂盒法（植物基因组 DNA 提取试剂盒，天根生物科技有限公司）提取 DNA。可以培养的菌株经 5～7 天纯培养后，挑取菌丝冷冻干燥后用液氮充分研磨，参照试剂盒提取 DNA。

3. 引物设计　针对向日葵白锈病菌大亚基核糖体 RNA 基因序列、向日葵黑茎病菌的 ITS - 5.8S rRNA 基因序列，设计检测向日葵白锈病菌和向日葵黑茎病菌的多重 DPO - PCR 检测引物组（表 8-2）。引物由上海生工生物技术有限公司合成。

表 8 - 2　引物序列

病原菌		引物序列	产物大小 (bp)	GenBank ID
向日葵白锈病菌	上游：	CGAATTGTAGTCTATCGAGGCCAAGIIIIIACGCAGGATCC	307	HQ 622624. 1
	下游：	GGAATGGACAGCGGACGCIIIIIGCTTCCCT		
向日葵黑茎病菌	上游：	GATGCCGGTACTCTGGGTCTTTIIIIIICATGTACC	388	JQ 979488. 1
	下游：	ATTGTTTTGAGGCGAGTTTCCCIIIIIGGAAACAT		

4. 多重 DPO - PCR 反应　根据多重 PCR 反应试剂盒（Multiplex PCR Assay Kit，Takara）说明书，反应体系为：包括 Mix 2 溶液 25 μL、Mix 1 溶液 0.25 μL、各引物终浓度均为 0.4 μmol/L、DNA 模板 1.0 μL，补水至 50μL。反应条件为 94℃/1 min；94℃/30 s，60℃/90 s，72℃/90 s，35 个循环；72℃/10 min。PCR 扩增产物在 2.0%琼脂糖条件下电泳并用凝胶成像系统观察并拍照。

5. 多重 DPO - PCR 退火温度敏感性试验　按照（4）多重 DPO - PCR 反应体系，将多重 DPO - PCR 退火温度设定为 45～65℃，5℃为 1 个梯度，进行退火温度敏感性试验，经 2.0 %琼脂糖凝胶电泳观察结果。

6. 多重 DPO - PCR 体系的特异性评价　按照（4）多重 DPO - PCR 反应体系，对 10 个供试菌株的 DNA 进行检测，同时用健康向日葵植株 DNA 做阴性对照，对所建立的多重 DPO - PCR 反应体系的特异性进行评价。

7. 多重 DPO - PCR 体系的灵敏度评价　直接采集向日葵白锈病菌的感病叶片，挑取纯培养的向日葵黑茎病菌，分别按照（2）方法提取基因组 DNA。用生物学分光光度计（ND - 1000，NanoDrop）标定浓度为 50 ng/μL，再按 10 倍梯度稀释为 5 ng/μL、0.5 ng/μL、0.05 ng/μL 和 0.005 ng/μL 的模板浓度进行灵敏度实验。

（二）结果

1. 多重 DPO - PCR 检测方法的建立　调整了多重 DPO - PCR 体系中引物

浓度，确定引物终浓度均为 0.2 μmol/L，建立了向日葵白锈病和向日葵黑茎病的多重 DPO－PCR 检测方法，结果如图 8－4 所示，多重 DPO－PCR 检测结果与单一 PCR 检测结果一致，琼脂糖凝胶电泳检测在 307 bp 和 388bp 处有特异性条带。

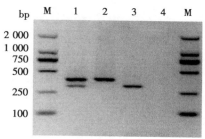

图 8－4　多重 DPO－PCR 与单一 PCR 的结果

M. DNA Marker DL 2000　1. 向日葵黑茎病菌、向日葵白锈病菌

2. 向日葵黑茎病菌　3. 向日葵白锈病菌　4. 阴性对照

2. 多重 DPO－PCR 退火温度敏感性试验　多重 DPO－PCR 退火温度敏感性试验结果见图 8－4。由图 8－5 可知，当退火温度设定为 45℃、50℃、55℃、60℃、65℃时，利用多重 DPO－PCR 检测体系均能高效扩增出目的基因，不同退火温度点对扩增结果影响不明显，表明所建立的多重 DPO－PCR 检测方法对退火温度不敏感。

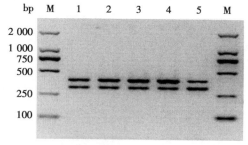

图 8－5　多重 DPO－PCR 退火温度敏感性实验

M. Marker DL 2000　1～5. 退火温度依次为 45℃、50℃、55℃、60℃、65℃

3. 多重 DPO－PCR 体系的特异性评价　多重 DPO－PCR 检测方法对 9 种供试菌株 DNA 检测结果见图 8－6，结果显示以向日葵黑茎病菌和向日葵白锈病菌混合 DNA 为模板时出现 2 条带，向日葵白锈病菌出现的是一条 307bp 条带，向日葵黑茎病菌出现的是一条 388bp 的条带，二者没有出现非特异性扩增，其他 7 种参照菌株及阴性对照均未出现目的条带，证明该方法具有较强的特异性。

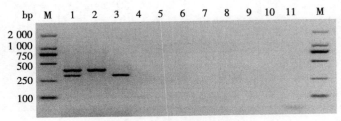

图 8-6　特异性实验

M. DNA Marker DL 2000　1. 向日葵黑茎病菌、向日葵白锈病菌　2. 向日葵黑茎病菌

3. 向日葵白锈病菌　4. 向日葵黑白轮枝菌　5. 向日葵大丽轮枝菌　6. 向日葵茎溃疡病菌

7. 向日葵霜霉病菌　8. 向日葵菌核病菌　9. 向日葵褐斑病菌　10. 向日葵锈病菌　11. 阴性对照

4. 多重 DPO-PCR 体系的灵敏度评价　灵敏度评价实验结果见图 8-7，DNA 模板含量在 50 ng、5 ng、0.5 ng 和 0.05 ng 时均可扩增出 2 条目的条带，且呈依次减弱状，当模板量降到 0.005 ng 以下时未能扩增到目的条带。

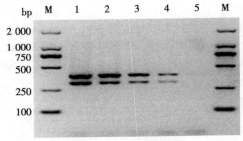

图 8-7　灵敏度实验

M. DNA Marker DL 2000　1～5. 向日葵白锈病菌与向日葵黑茎病菌 DNA 模板量依次为 50ng、

5ng、0.5ng、0.05ng 和 0.005ng

（三）小结

以 PCR 法为基础的检测技术在植物病原菌检测中已广泛应用，多重 PCR 作为最基本的高通量核酸扩增技术一直是大规模核酸样品检测分析的首选技术。然而传统多重 PCR 的引物设计困难，需要保证所有引物扩增效率一致，并且引物之间不能形成二聚体及发卡结构，实验中要优化引物的各项参数与反应条件，尤其是退火温度，设计流程较繁琐，工作量大。DPO 引物设计则相对简单，由于其特殊结构，引物之间难以形成二聚体和发卡结构，大大简化了多重 PCR 引物的设计。

传统多重 PCR 技术对退火温度要求很高，而不同实验室之间会因为仪器设备的不同导致退火温度微弱的变化，从而对多重 PCR 结果造成影响，这导致了传统多重 PCR 适用性不强。张娜等（2015）研究设计了 5 个梯度的退火温度，验证其对多重 DPO - PCR 检测结果的影响，结果证明 DPO - PCR 对退火温度不敏感，可有效规避退火温度对普通多重 PCR 的影响，大大增强了该技术在不同实验室的应用广泛性。

DPO 引物还具备高特异性，理论上 3′端或 5′端任何一端超过 3 个碱基的差异即不能扩增，DPO 引物的这一特点已被应用于 SNP 检测。张伟宏等（2013）研究发现，向日葵黑茎病菌和向日葵茎溃疡病菌的 ITS 基因相似性很高，不能设计区分两种病菌的特异性引物。张娜等（2015）研究利用了 DPO 引物高特异性这一特点，在向日葵黑茎病菌的 ITS - 5.8S rRNA 基因序列设计特异性引物，成功区分了向日葵黑茎病菌和向日葵茎溃疡病菌。张娜等（2015）研究建立的两种检疫性真菌病害向日葵白锈病菌和黑茎病菌的多重 DPO - PCR 检测方法，具有特异性强、灵敏度高、适用范围广的优点，可应用于对进出口向日葵种子、种苗等这两种检疫性真菌病害的鉴定，具有较高的实际应用价值。

三、荧光定量 PCR

（一）材料与方法

1. 供试材料与仪器

主要材料：向日葵白锈病叶、向日葵茎秆等采自新疆伊犁地区，苋菜白锈病叶采自新疆农业大学试验田。

主要仪器：ABI7900 型荧光 PCR 仪、ND1000 核酸检测仪、高速冷冻离心机、双蒸水器、超净工作台、pH 计、微量移液器、制冰机、水浴锅、−80℃超低温冰箱、小型台式离心机等。

主要试剂：克隆试剂盒购自北京天根科技公司，核酸提取试剂盒、质粒提取试剂盒、PCR 试剂、本研究所设计的引物和探针由大连宝生物有限公司合成。

2. TaqMan 探针与引物的设计和合成
根据测序结果，从 GeneBank 中挑选白锈病菌的核酸序列，用 DNAMAN 软件对其进行多重序列比较，挑选具有稳定性点突变区，设计向日葵白锈病菌的特异性引物 ATHF：5′ - CT-GACTTTGACTCCTCCGTGGC - 3′；ATHR：5′ - GAGACCGATAGCGAA-CAAG - 3′，预期产物 158bp。特异性探针 ATH：5′ - FAM - TTTCAG-CAGTTTCAGGTACTCTTT AAC - TAMRA - 3′。引物和探针由大连宝生物有限公司合成，探针 5′端标记为报告荧光染料 [6 - Calboyfluorescein（FAM）]，3′端标记为淬灭荧光染料 [Tetramethycarboxyrhodamine（TAM-RA）]。

3. 实时荧光 PCR 体系的优化 反应程序采用三步法：第一步 50℃/2min，第二步 95℃/10min，然后进入第三步循环，95℃/10s，60℃/1min，共 40 个循环。Rn（荧光信号增加值）与循环数图像以及各样品的 Ct 值均由仪器自动给出。

10×Buffer 2.5μL，25mmol/L $MgCl_2$ 2μL，2.5mmol/L dNTP 2.5μL，5U/μL TaqDNA 聚合酶 0.2μL，上、下游引物 5μmol/μL 各 2μL，探针 2μmol/μL 5μL，DNA 模板 1μL，无菌超纯水补充至 25μL。对实时荧光反应体系进行优化，按照 Mg^{2+}、dNTP、引物浓度、探针浓度顺序进行优化。

反应程序不变。最后通过 ΔRn 与循环数关系的曲线图确定 ΔRn 值最大时的浓度为最佳浓度。

4. 灵敏度实验 用 ND1000 测定提取的向日葵白锈病菌质粒标准品的浓度和纯度。其浓度为 0.46 ng/μL，260/280 达到 1.8。将核酸进行 10×系列稀释。取 10^{-1}～10^{-12} 稀释液共 12 个梯度，每个梯度取 5μL 作为模板进行实时荧光 PCR 扩增，以无菌水作为空白对照。

反应体系采用已经优化的体系。反应程序不变。通过 ΔRn 与循环数关系的曲线图确定 TaqMan 探针的检测灵敏度。

5. 特异性实验 反应体系采用已经优化的体系，DNA 模板 1μL。反应程序不变。

选取向日葵白锈病病叶、苋菜白锈病菌、油菜白锈病菌、向日葵黑茎病菌、向日葵茎溃疡病菌、向日葵黄萎病大丽轮枝菌、向日葵黄萎病黑白轮枝菌及向日葵锈病菌做参试菌株，每个样品重复两次。并以向日葵白锈病菌核酸作阳性对照、健康向日葵叶片核酸作阴性对照、无菌水作空白对照。通过 ARn 与循环数关系的曲线图检测特异性。

6. 重复性实验 将提取的向日葵白锈病病叶核酸重复 3 次按优化的体系实验，通过 ΔRn 与循环数关系的曲线图检测实验重复性。

（二）结果

1. Mg^{2+} 浓度优化 镁离子影响 PCR 的多个方面，如 DNA 聚合酶的活性，这会影响产量；再如引物退火，这会影响特异性。dNTP 和模板同镁离子结合，降低了酶活性所需的游离镁离子的量。不同的引物对和模板对应的最佳的镁离子浓度都不同。将 Mg^{2+} 浓度从 0 到 5μmol/L 以 0.5μmol/L 依次递增。结果显示（图 8-8），0～3.5μmol/L，随着 Mg^{2+} 浓度的增加，CT 值逐渐减小；3.5～5μmol/L，随着 Mg^{2+} 浓度的增加，CT 值逐渐增大。当 Mg^{2+} 浓度为 3.5mol/L 时，ΔRn 值最大，所以 3.5mol/L 为 Mg^{2+} 最佳浓度。即 25μL 体系中加入 25mmol/L 的 $MgCl_2$ 3.5μL。

2. dNTP 浓度优化 dNTP 浓度取决于扩增片段的长度，浓度一般为 50～

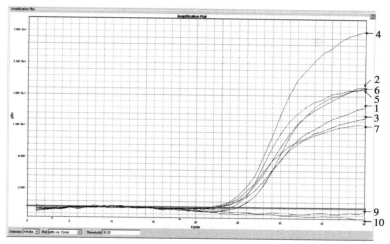

图 8 - 8 不同 Mg^{2+} 浓度对实时荧光 PCR 检测体系的影响

1. 5.0μL 2. 4.5μL 3. 4.0μL 4. 3.5μL 5. 3.0μL

6. 2.5μL 7. 2.0μL 8. 1.5μL 9. 0.5μL 10. 0

200μmol/L。高浓度 dNTP 易产生错误碱基的掺入，浓度过低会降低反应产量。dNTP 可与 Mg^{2+} 结合，使游离的 Mg^{2+} 浓度下降，从而影响聚合酶的活性。将 dNTP 浓度从 0 到 500μmol/L 以 50μmol/L 依次递增。结果显示（图 8 - 9），当 dNTP 为 200μmol/L 时，ΔRn 值最大，所以 200μmol/L 为 dNTP 最佳浓度。即 25μL 体系中加入 2.5mmol/L 的 dNTP 2μL。

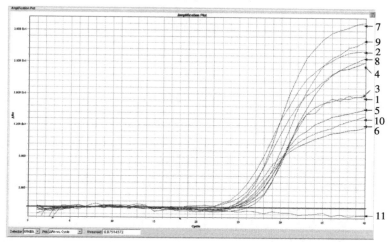

图 8 - 9 不同 dNTP 浓度对实时荧光 PCR 检测体系的影响

1. 500μmol/L 2. 450μmol/L 3. 400μmol/L 4. 350μmol/L 5. 300μmol/L

6. 250μmol/L 7. 200μmol/L 8. 150μmol/L 9. 100μmol/L 10. 50μmol/L 11. 0

3. 引物浓度优化 当 PCR 引物浓度太低时产物量降低，会出现假阴性；引物浓度过高会促进引物的错配导致非特异性产物合成，还会增加引物二聚体的形成。非特异性产物和引物二聚体也是 PCR 反应的底物，与靶序列竞争 DNA 聚合酶、dNTP，从而使靶序列的扩增量降低。此步骤的目的是确定能获得最大 ΔRn 值的最低引物浓度。将引物浓度从 0 到 $0.7\mu mol/L$ 以 $0.1\mu mol/L$ 依次递增，ΔRn 扩增曲线先随引物浓度的升高而升高（图 8 - 10）后随引物浓度升高而降低，当它的浓度为 $0.3\mu mol/L$ 时，ΔRn 值达到最大。故最佳引物浓度为 $0.3\mu mol/L$。即 $25\mu L$ 体系中加入 $5\mu mol/L$ 的引物各 $2\mu L$。

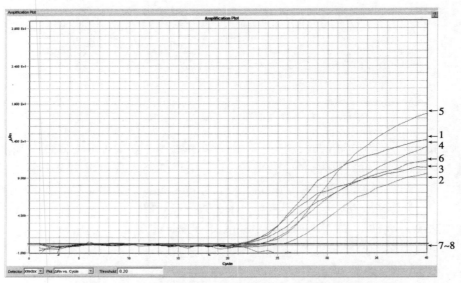

图 8 - 10　不同引物浓度对实时荧光 PCR 检测体系的影响
1. $0.7\mu mol/L$　2. $0.6\mu mol/L$　3. $0.5\mu mol/L$　4. $0.4\mu mol/L$
5. $0.3\mu mol/L$　6. $0.2\mu mol/L$　7. $0.1\mu mol/L$　8. 0

4. 探针浓度优化 探针浓度的大小会影响 ΔRn 值的高低。当探针浓度过小时，PCR 产物过量，会干扰荧光的收集；反之，当探针过量时，无足够的 PCR 产物与探针结合，ΔRn 值降低。此步骤的目的是确定能获得最大 ΔRn 值时的最佳探针浓度。

将探针浓度从 0 到 $0.56\mu mol/L$ 以 $0.08\mu mol/L$ 递增。由试验结果（图 8 - 11）可见，当探针的体积为 0 时没有扩增曲线；从 $0.08\mu mol/L$ 到 $0.32\mu mol/L$ 递增时 ΔRn 依次增加，在 $0.32\mu mol/L$ 时，ΔRn 值达到最大；在 $0.4\mu mol/L$ 时 ΔRn 值回落。根据探针浓度控制在 $50\sim900nmol/L$，且应低于引物浓度的要求，同时从经济的角度考虑，选择 $2\mu M$ 探针 $3.5\mu L$ 为最佳反应用量。

5. 灵敏度实验 将浓度为 $22.3ng/\mu L$ 质粒标准品 10 倍系列稀释，用建立

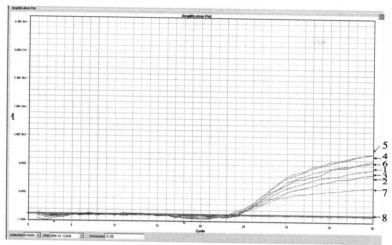

图 8-11　不同探针浓度对实时荧光 PCR 检测体系的影响

1. 0.56μmol/L　2. 0.48μmol/L　3. 0.40μmol/L　4. 0.32μmol/L
5. 0.24μmol/L　6. 0.16μmol/L　7. 0.08μmol/L　8. 0

的荧光定量 PCR 测定，结果显示出较好的检测灵敏度。Ct 值和重组质粒DNA 起始浓度的对数值之间具有较好的线性关系。当质粒 DNA 的稀释度达到 10^{-4} 时仍表现为荧光信号增强。通过计算得知，当 25μL 的反应体系中只要有 2.23pg 时，就可以灵敏地检测到（图 8-12），比使用通用引物的常规 PCR检测灵敏度（20 ng/μL）大大提高。

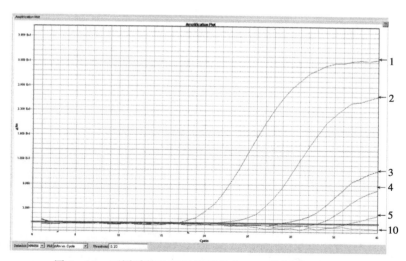

图 8-12　不同质粒浓度对实时荧光 PCR 检测体系的影响

1. 22.3ng　2. 2.23ng　3. 223pg　4. 22.3pg　5. 2.23pg　10. 空白

6. 特异性实验 检测体系在退火温度 60℃下对几种供试病菌和向日葵白锈病病叶进行实时荧光 PCR 检测。结果显示，阳性对照和向日葵白锈病病叶有荧光信号，而苋菜白锈病菌和其他病菌都没有检测到荧光信号，阴性对照和空白对照液均无荧光信号，表明所设计的探针对向日葵白锈病菌具有专一性（图 8-13）。

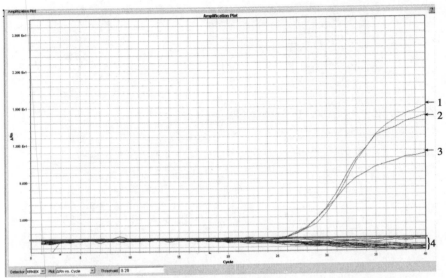

图 8-13 不同样品和菌株对实时荧光 PCR 检测体系特异性的影响
1. 阳性对照 2. 向日葵白锈病病叶 1 3. 向日葵白锈病病叶 2
4. 其他参试病菌及阴性空白对照

7. 重复性实验 实验的 3 个重复性结果显示，3 个重复试验的 CT 值基本为同一值，均在 25.46 左右，各重复之间的误差不到 1 个循环，可见这一研究建立的实时荧光 PCR 体系重复性较好，从而保证了不同样品间检测结果的可靠性和稳定性（图 8-14）。

（三）小结

这一研究建立了快速、准确、灵敏的向日葵白锈病菌实时荧光检测技术。成功地设计了针对向日葵白锈病菌具有稳定点突变的特异性引物对 ATHF、ATHR 和 TaqMan 探针 ATH-X；通过优化 $25\mu L$ 反应体系中 Mg^{2+}、dNTP、引物和探针最佳浓度，建立了实时荧光 PCR 检测方法，$25\mu L$ 体系中，$10\times$ Buffer $2.5\mu L$，$25\mu mol/L$ Mg^{2+} $3.5\mu L$、$2.5\mu mol/L$ dNTP $2.0\mu L$、$5\mu mol/L$ 引物各 $1.5\mu L$ 和 $2\mu mol/L$ 探针 $3.5\mu L$；利用该方法对 9 株供试菌株进行了实时荧光 PCR 检测，结果表明该组引物探针能检测出向日葵白锈病菌菌株，而

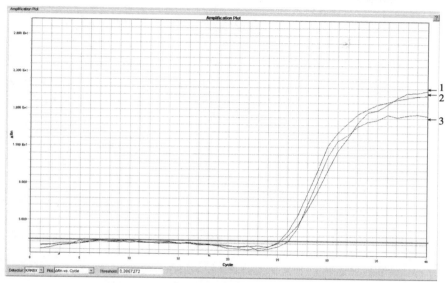

图 8-14 相同模板对实时荧光 PCR 检测体系重复性的影响

1、2、3. 向日葵白锈病菌

对照菌株和空白均未检测到荧光信号增强，表明该对引物和探针对向日葵白锈病菌具有很高的特异性；该对引物和探针的检测灵敏度能够达到 2.23pg，具有较高的检测灵敏度；3 个重复试验的 CT 值基本为同一值，均在 25.46 左右，各重复之间的误差不到 1 个循环，可见这一研究建立的实时荧光 PCR 体系重复性较好，从而保证了不同样品间检测结果的可靠性和稳定性。整个 PCR 检测时间约为 1.4 h，较巢式 PCR 和常规 PCR 大大缩短。应用这一研究建立的 TaqMan 探针实时荧光 PCR 方法对 2010 年新疆农业大学试验田采集的样品进行检测，检测出阳性样品，此结果与巢式 PCR 对上述样品检测的结果一致。

四、基因芯片检测方法

基于 Padlock 探针的检测技术是一种以连接酶介导的分子检测技术。通过将分子间连接反应转化成分子内连接反应而大大提高连接效率，从而提高检测的灵敏度。Padlock 探针是一条长度为 100 bp 左右的单核苷酸探针，包括磷酸化的 5′端和羟基化的 3′端，这两端能够识别特定目标物的 DNA 序列，我们通常称之为 T1 端和 T2 端。Mariannaszemes 等优化 PLP 设计条件，在 T1 端和 T2 端之间，设计一段通用序列和一段特异序列，我们称之为 P1、P2 端和

ZipCode。在进行检测时，首先将 Padlock 探针和要检测的目标 DNA 进行连接，在 Taq DNA 连接酶的作用下，探针的 T1 端和 T2 端通过和特定的检测靶标物的 DNA 序列互补而相结合，探针的 5′端和 3′端连成环状。由于 Taq DNA 连接酶的特性，只有 DNA 序列和探针的 T1 端和 T2 端完全互补时，探针才能形成环状，否则，探针以线性存在。采用核酸外切酶去除没有形成环状的探针和错配的探针，然后采用所有探针的通用端 P1 端和 P2 端的引物对切除后的产物进行扩增。然后将扩增后的产物与固定在膜上或者 Microarray 上的与 ZipCode 序列互补的核酸序列进行杂交。通过膜上的地高辛标记信号或者 Microarray 上的荧光来判断检测样品中是否有特定的病原物。由于 Padlock 探针可与 Microarray 或者 Macroarray 技术相结合，因此能够在检测过程中实现高通量。

（一）材料与方法

1. 试验材料与试剂 供试材料中向日葵白锈病发病叶片、6 个发病向日葵品种植株上的种子（美国 G101、新葵杂 4 号、KWS204、康地 101、KD3790、新葵杂 5 号）、2 个健康向日葵品种植株上的种子（KWS203、矮大头 567DW）、健康向日葵叶片、均采自新疆伊犁特克斯县军马场向日葵大田。白菜白锈病叶片［*Albugo candida*（Pers.）O. Kuntze］、苋菜白锈病叶片［*Albugo bliti*（Birona Bernardi）Kuntze］、油菜白锈病叶片［*Albugo candida*（Pers.）Kuntze］、萝卜白锈病叶片［*Albugo candida*（Pers.）Kuntze］均由伊犁职业技术学院植物病理标本室提供。

选用的 Tris - HCl、DTT、NAD、Triton X - 100、鲑鱼精 DNA、Taq DNA 连接酶由 New England Biolabs 生产；核酸外切酶Ⅰ、核酸外切酶Ⅲ、Taq DNA 聚合酶、dATP、dGTP、dTTP、dCTP、MgCl₂ 由大连宝生物有限公司生产；Cy3 - dCTP 由 GE Healthcare UK Limited 生产；SDS、6×SSC、0.3×SSC、0.06×SSC、PBS、NaBH₄ 由上海生工生物工程公司生产。

2. 主要仪器 Personal Arrayer16 生物芯片点样仪（博奥生物有限公司）、PCR 扩增仪（德国 Biometra 公司）、LideWasherTM8 芯片洗干仪和 LuxScanTM10K 芯片扫描仪（博奥生物有限公司）。

3. 核酸提取 向日葵白锈病病原菌基因组 DNA、病叶基因组 DNA、带病种子基因组 DNA（用整个种子提取）、近似种病原菌基因组 DNA 均由大连宝生物工程有限公司的"TakaRa MiniBEST Universal Genomic DNA Exitraction Kit Ver. 4.0"试剂盒提取，具体步骤见说明书。

4. Padlock 探针的设计 在 NCBI GenBank 中下载向日葵白锈病病原菌及其近似种病原菌 ITS 区间基因序列，利用 Bioedit 软件进行比对分析，在病原菌核酸序列特异位点设计 Padlock 探针，并将设计的 Padlock 探针返回 NCBI GenBank 中进行特异性比对，最终确定其特异探针。

5. Padlock 探针连接体系与外切酶处理 采用外切酶消化待连接的 DNA 模板，连接采用 10 μL 的体系：5.8 μL 灭菌去离子水，1 μL Tap DNA 连接 Buffer，1 μL 鲑鱼精 DNA（20 ng/μL），0.2 μL Taq DNA 连接酶（20U/μL），1 μL Padlock（100pm/μL）探针，1 μL 模板 DNA（20 ng/μL）。连接的反应程序为：95℃ 预变性 5 min，然后进入循环，95℃ 变性 30s，65℃ 连接 5 min，共 20 个循环；然后 95℃ 灭活 15 min。

采用外切酶切除自连和错连的 Padlock 探针：在 10 μL 的 Padlock 探针连接体系中，加入 1 μL 2U/μL 核酸外切酶 I 和 1 μL 2U/μL 核酸外切酶 III，37℃ 反应 2 h，95℃ 灭活 3 h。

6. Padlock 探针的扩增程序 采用引物 P1 和 P2 对外切酶切除后的产物进行 PCR 扩增，PCR 反应混合液总体积为 25 μL，各成分体积浓度分别为：2.5 μL 1×PCR Buffer，2 μL dNTP（其中 10 mmol/L dATP、dGTP、dTTP 各 0.5μL，10 mmol/L dCTP 0.25 μL，0.25 mmol/L Cy3－dCTP 0.25 μL），引物 P1、P2（500 nmol/L）各 1.25μL，2 μL Mg^{2+}（2 nmol/L），0.25μL Taq DNA 聚合酶，12.75 μL 灭菌去离子水，3 μL 酶切后的连接产物作模板，在 PCR 仪上进行扩增反应。反应程序为：95℃ 预变性 5 min；95℃ 变性 30 s，60℃ 退火 30 s，72℃ 延伸 30 s，共 40 个循环；最后 72℃ 延伸 10 min。反应结束后取 6 μL 扩增产物于 2% 琼脂糖凝胶中 100V 电泳 40 min，在凝胶成像系统上观察并拍照。

7. Padlock 探针特异性验证 利用设计的探针，对所有供试菌株的基因组 DNA 进行 PCR 扩增，以向日葵健康叶片的基因组 DNA 为对照，扩增产物用 2% 的琼脂糖凝胶进行电泳检测，根据电泳结果确定 Padlock 探针的特异性。

8. Padlock 探针灵敏性验证 将向日葵白锈病菌基因组 DNA 浓度分别稀释为 10ng/μL、1ng/μL、100pg/μL、10pg/μL、1pg/μL，检测 Padlock 探针的灵敏度，PCR 反应体系同上。

9. 基因芯片检测

（1）基因芯片制备：利用基因芯片点样仪将 cZipCode 探针（终浓度为 30mol/L）点至醛基化基片上，每点重复 4 次，37℃ 湿盒中固定 12 h，固定后 0.2% SDS 洗液清洗 10 min，0.2% NaBH$_4$（1×PBS 与 25% 乙醇混合液配制 的 0.2%NaBH$_4$ 溶液）封闭液中封闭 5 min，再用去离子水清洗 2 min，重复 3 次，然后将芯片放入芯片甩干室中离心干燥 30 s，取出后粘贴围栏、加盖片。

芯片上除点制与向日葵白锈病菌 Padlock 探针 cZipCode 探针互补序列外 (cZipCode1)，还点制了一系列质控对照，以便对整个芯片检测过程进行监控。

表面化学对照（DW）：3′端有 Cy3 修饰的探针，用来监控基片与探针的结合；阴性对照（NC）：与白锈菌属 ITS DNA 序列无同源性的 33 nt 核苷酸序列；阳性杂交对照（PC）：合成 2 条 50 nt 寡核苷酸序列，一条是与基片结合的杂交对照探针，另一条寡核苷酸序列与杂交对照探针序列互补，且 5′端用 Cy3 标记；空白对照（CK）：点样缓冲液（表 8 - 3）。所有探针 5′端以氨基修饰，氨基与探针之间以间隔臂 10 个 Poly（dT）相连，其中阳性对照探针 5′端以 Cy3 修饰，空白对照为点样液。

表 8 - 3　探针序列表

探针名称	探针序列（5′- 3′）	检测用途
cZipCode1	gcggcatacgttcgtcaaat	向日葵白锈病菌
cZipCode2	tagatcagttggactcgatg	其他病菌
cZipCode3	atagcaccggaataaggccc	其他病菌
NC	gaatctgaatgcgtatgccacaacggtgtctgc	阴性对照
PC	ggaatatatcgaggcaagcgtagacctccatcaacatatatatcttcgac	阳性杂交对照
DW	tcgagacccaacttaacgtatcactactccatcgtgca	表面化学对照
CK	—	空白对照

（2）芯片杂交与洗涤：取 6 μL Cy3 - dCTP 标记的 PCR 产物 95℃变性 5min，之后迅速冰浴 5 min。变性产物与 1μL $3×10^{-4}$ mmol/L 杂交阳性对照、7 μL 杂交液（2.5%甲酰胺、0.2%SDS、6×SSC）混匀注入 cZipCode 探针区，封闭杂交盒，42 ℃杂交 1 h。杂交完毕后，取出芯片，用 42℃洗液 Ⅰ（0.3×SSC、0.1%SDS）清洗 4 min，再用 42℃洗液 Ⅱ（0.06×SSC）清洗 2min。最后将芯片置于芯片甩干室中离心干燥 30 s，待扫描。

（3）芯片扫描及结果检测：LuxScanTM10K 芯片扫描仪选择绿光通道，激光功率值为 95%，PMT 值为 650 nm，分辨率为 10 μm，扫描完毕后提取图片和数据。数据提取过程中引入概念 Circle，即图像分析过程中由软件生成用于标记 Spot（样品点）边界的圆圈，Circle 内部所有像素被用于表示 Spot 的信号值，用信号中位值、信号均值、信号标准差来表示 Circle 的特征。Circle 外围背景区的像素被用于计算 Spot 的背景信号强度，定义 Circle 外围背景区应满足 3 点：①半径为 Circle 半径的 2~4 倍；②不包括 Circle 内的像素，以及相邻 Circle 内的像素；③不包括 Circle 周围宽 1~8 像素的中间区。根据以上参数，软件自动获取相关数据，Spot 的信号值若肉眼观察有信号，信号绝对值大于 500，信噪比大于 3.0，判为阳性；若信号绝对值小于 500，信噪比小于 2.0，判为阴性；如果信号模糊，信噪比介于 2.0 和 3.0 之间，判为可疑，需重复验证。

（4）对田间实际种子样品的检测：利用设计的 Padlock 探针结合基因芯片，对采自新疆伊犁特克斯县军马场向日葵大田的 8 份不同向日葵品种种子进行检测。

（二）结果分析

1. 探针的设计结果 用于扩增探针的 P1 端和 P2 端的上下游引物的序列分别为：

P1/ P2：TCATGCTGCTAACGGTCGAG /CCGAGATGTACCGCTATCGT

本研究设计的用于检测向日葵白锈病菌的 Padlock 探针序列（PHPL）为：5′－CGGTCAAGTTCCTTGGAAAAGGACAGCACTCGACCGTTAGCAGCATGACCGAGATGTACCGCTATCGTATTTGACGAACGTATGCCGCCAGCACGCAGGATC－3′。

2. 向日葵白锈病菌 Padlock 探针特异性 试验结果表明：设计的 PHPL 探针在供试的 8 种材料中只能从供试的目的病原菌中特异地扩增出一条 102 bp 的条带，而在非目标病原菌及空白对照中均无扩增条带，说明 PHPL 探针对向日葵白锈病菌有较强的特异性，可以将要检测的目标病原菌与其近似种以及其他病原菌区分开（图 8－15）。

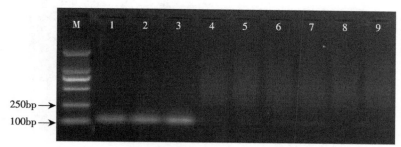

图 8－15 向日葵白锈病菌 Padlock 探针特异性验证结果

M. DNA Marker DL 2000 1. 向日葵白锈病孢子粉 2. 向日葵白锈病病叶 3. 向日葵白锈病种子
4. 向日葵黑茎病病株 5~8. 依次为白菜白锈病病叶、苋菜白锈病病叶、油菜白锈病病叶、
萝卜白锈病病叶 9. 阴性对照（健康向日葵叶片）

3. 向日葵白锈病菌 Padlock 探针灵敏度 灵敏度测试结果表明：该探针检测的灵敏度较强，最低可以检测到 10 pg（图 8－16）。

4. 向日葵白锈病菌 Padlock 探针结合基因芯片检测 测试结果如图 8－17 所示：芯片表面化学对照正常，说明所有检测探针点制正常；杂交阳性对照有较强序号，阴性对照和空白对照无信号，说明杂交过程正常。B1－B4 cZip-Code1 探针位点出现杂交信号，其他位点均无杂交信号，说明该方法可以准确

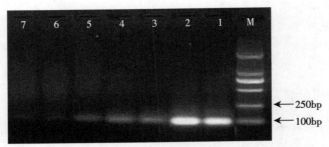

图 8－16　向日葵白锈病菌 Padlock 探针灵敏度检测结果

M. DNA Marker DL 2000　1. 阳性质粒对照　2～6. 病原孢子粉 DNA，依次为 10ng/μL、

1ng/μL、100pg/μL、10pg/μL、1pg/μL　7. 阴性对照

检测出向日葵白锈病菌。

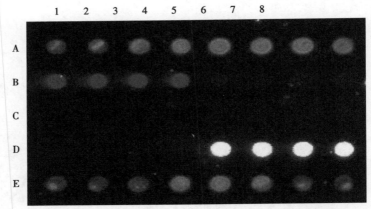

图 8－17　向日葵白锈病菌 Padlock 探针结合基因芯片检测结果

A1～A8 和 E1～E8. 点样阳性对照　B1～B4. 探针 cZipCode1　B5～B8. 探针 cZipCode2

C1～C4. 探针 cZipCode3　C5～C8. 空白对照　D1～D4. 杂交阴性对照　D5～D8. 杂交阳性对照

5. 对田间种子样品的实际检测结果　结果表明：将设计的 Padlock 探针结合基因芯片技术对从新疆伊犁特克斯县向日葵大田采集的 8 份不同品种向日葵种子进行检测，检出 6 份种子带有向日葵白锈病菌，从而确定美国 G101、新葵杂 4 号、KWS204、康地 101、KD3790、新葵杂 5 号 6 个品种均被向日葵白锈病菌侵染，说明该技术可应用于向日葵白锈病菌的田间实际检测（图 8－18）。

（三）小结

基于 Padlock 探针的检测技术是一种以连接酶为介导的分子检测技术。通过将分子间连接反应转化成分子内连接反应而大大提高连接效率，从而提高检

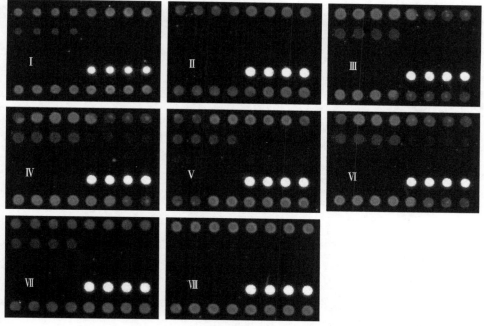

图 8-18　对田间向日葵种子带菌检测结果

Ⅰ. 美国 G101　Ⅱ. KWS203　Ⅲ. 新葵杂 4 号　Ⅳ. KWS204　Ⅴ. 康地 101

Ⅵ. KD3790　Ⅶ. 新葵杂 5 号　Ⅷ. 矮大头 567DW

测的灵敏度。采用核酸外切酶去除没有形成环状的探针和错配的探针，然后采用所有探针的通用端 P1 端和 P2 端的引物对切除后的产物进行扩增，将扩增后的产物与固定在载体上的与 ZipCode 序列互补的核酸序列进行杂交，通过载体上的荧光信号来判断检测样品中是否有特定的病原物，由于 Padlock 探针可与基因芯片技术相结合，因此能够在检测的过程中实现高通量的目的。

这一研究首次设计了向日葵白锈病的 Padlock 探针，并利用 Padlock 探针结合基因芯片技术，实现了对向日葵白锈病菌的检测。试验结果表明，设计的探针及基于 PCR-Macroarry 相结合的检测技术在特异性、灵敏度、高通量方面均能够满足实际工作中病原菌分子检测的需要。该检测技术可用于生产实际，也为开展向日葵其他重要病原菌检测提供了参考，对提高我国向日葵检验检疫水平具有重要意义。

第九章 向日葵种质资源对白锈病的抗性评价

对新疆主要栽培向日葵种质资源，矮大头（567DW）、KWS303、新葵杂5号、DK3790、TO12244、S606等101个品种进行了田间抗白锈病鉴定。

一、评价方法

在自然发病的情况下进行定点调查，每个处理随机选取一个样点，每个样点连续数取10个向日葵样株分别挂牌标记，每株取上、中、下3个叶片，共计30个叶片，数出其中有白锈病病斑的叶片数。在向日葵的苗期至成株期分4次（向日葵白锈病发病的初期、中期、盛期和末期）调查病害的发生情况，计算病情指数和相对抗病性指数。

二、病害分级标准

0级：无病斑；

1级：病斑面积占整个叶面积的1/5，形成褪绿黄斑；

3级：病斑面积占整个叶面积的1/5～2/5，形成隆起泡状褪绿黄斑；

5级：病斑面积占整个叶面积的2/5～3/5，形成隆起泡状褪绿黄斑，叶片枯黄；

7级：病斑面积占整个叶面积的3/5～4/5，形成隆起泡状褪绿黄斑，叶片枯黄脱落；

9级：病斑面积大于整个叶面积的4/5，形成隆起泡状褪绿黄斑，叶片干枯死亡脱落。

三、鉴定结果

高感品种：DK3790、康地204、KWS204、欧洲向日葵、UK301、食葵AR7－5150、食葵TK8034、食葵TKC2603、丰宁观赏葵、诺油8号、食葵223、北葵17、TK206。

中感品种：新葵杂 4 号、东方 645、新葵杂 6 号、新葵杂 10 号、澳优、食葵 609、食葵 TK8023、M0314、先瑞 1 号、先瑞 2 号、A17、Q5102、UK303、博葵 792、嘉油 1 号、嘉油 2 号、宏景 3601、圣泽 10 号、圣泽 86、瑞特姆、LD67、康龙 2009、富葵杂 1 号、富葵 97、美葵 DF - 121、康地 102、康地 115、KWS305、神禾 1.号、JN - 2519、JN - 2518、NXI9012。

抗病品种：美国 G101、新葵杂 5 号、T8221、新引 711、新引 S31、矮大头 1003、G101（国产）、康地 1034、诺葵 212、康地 101、KWS203、新食葵 3 号、KD1036、NK606。

中抗品种：西域朝阳（NX19012）、TO12244、S606、金葵谷 06006、西域 566、MG$_2$、N1025、NS19012、矮大头（567DW）、食葵 LD5009、食葵 HS11、食葵 XY8318、KWS303、TK503、TK601、食葵 TK606、食葵 TK919、TK6026、食葵 TKC1103、食葵 TKC2008、食葵 TKC2602、食葵 TKC2606、食葵 TKC8033、食葵 L808、食葵 HK306、MT792G、西部骆驼（NX01025）、三道眉。

高抗品种：TK311、TK555、食葵 TK901、食葵 TY0409、TK2101、TK2102、TK2104、TK6015、TK7640、TK8023、诺油 6 号、食葵 TKC2607、西亚 218、西亚 53。

四、油用型向日葵和食用型向日葵对白锈病的抗性差异

通过大田调查研究，食用型和油用型两种不同类型的向日葵抗病性有较明显的差异，相同栽培条件下，食用型向日葵白锈病发生重。

五、同一品种不同生育阶段对白锈病的抗性差异

经调查研究，同一品种不同生育阶段，抗病能力也有一定的差异。向日葵苗期（5～6 片叶）、现蕾期和开花期容易感病；通常在苗期、现蕾期和开花期出现两次发病高峰。向日葵现蕾期和开花期，由营养生长转向生殖生长，是同化作用最盛时期，由于叶片、茎秆和花盘组织柔嫩，外界条件又适合于病菌的侵入，因此向日葵现蕾期和开花期是向日葵生长期中抗病力最弱的时期，如遇到阴雨、高湿气候条件，向日葵白锈病就大流行，对产量影响较大。

六、叶片性状对向日葵白锈病发生的影响

经调查研究，结合向日葵形态解剖学特征来看，向日葵叶片形态在抵抗白

锈病特别是在白锈菌侵入向日葵的初期起着重要作用；向日葵叶片肥大、厚且脆、嫩绿，开张的角度大，叶片遮阴面积大，造成田间郁闭，叶表面湿度增高，病原菌孢子容易萌发，向日葵易发病。向日葵主栽品种 DK3790 和 KW204 叶片肥大，田间白锈病发生重；而康地 1034、新葵杂 5 号等向日葵品种叶片中等大小、尖且薄、质地较坚硬，田间白锈病发生轻。

图 9-1　向日葵抗病品种（左）与感病品种（右）白锈病田间发生状

第十章 向日葵白锈病的风险性评估

一、多指标综合评判法

我国的生物入侵风险分析研究开始于 20 世纪 80 年代，我国植物检疫专家所提出的多指标综合评判法广受关注，以该方法为基础，陆续开展了大量的外来生物风险分析工作，其研究结果已在市场准入等谈判及防控外来生物入侵等方面发挥了重要的作用。

随着国际上对生物入侵风险分析工作的重视，我国加强了与先进国家的生物入侵风险分析技术交流，参加了部分 PRA 指南的起草，并于 1995 年成立了中国植物有害生物风险分析工作组。PRA 工作组开展了许多具体的工作，如梨火疫病菌、马铃薯甲虫、假高粱和地中海实蝇的 PRA 分析，同时确立了多指标综合评判的方法（蒋青等，1994，1995），及风险评估指标体系（表 10-1）、风险指标评判标准（表 10-2）和及风险计算公式（表 10-3）。

表 10-1　多指标综合评判风险评估指标体系 （蒋青等，1995）

总指标	一级标准	二级标准
有害生物危险性（R）	1. 国内分布状况（P_1）	
	2. 潜在的危害性（P_2）	（1）潜在的经济危害性（P_{21}）
		（2）是否为其他检疫性有害生物的传播媒介（P_{22}）
		（3）国外重视程度（P_{23}）
	3. 受害栽培寄主的经济重要性（P_3）	（1）受害栽培寄主的种类（P_{31}）
		（2）受害栽培寄主的种植面积（P_{32}）
		（3）受害栽培寄主的特殊经济价值（P_{33}）
	4. 移植的可能性（P_4）	（1）截获难易（P_{41}）
		（2）运输过程中有害生物的存活率（P_{42}）
		（3）国外分布广否（P_{43}）
		（4）国外的适生范围（P_{44}）
		（5）传播力（P_{45}）

向日葵白锈病和黑茎病

（续）

总指标		一级标准	二级标准
险性（R）	有害生物危	5. 危险性管理的难度（P_5）	（1）检疫鉴定的难度（P_{51}）
			（2）除害处理的难度（P_{52}）
			（3）根除难度（P_{53}）

在确定某一生物因子潜在风险的影响因素时，所遵循的原则包括：①相对固定的因子：指标的评价值要相对稳定，一些变量，如运输过程的变量不易确认，因而不必列入指标体系中。②重要因子：影响风险的因素很多，如果面面俱到，会影响决定因素的作用分析。③易于评价的因子：有些不易收集、不易量化的因素，如外来生物的传入对社会和生态的影响，可以暂时不选入指标体系中。④相对独立的因子：如果选择的因素在内含上有交叉，会加重该因素的权重，影响结果的可靠性。⑤概括的因子：为了最大限度地达到统一评价，应选择能概括评价的因素；如"为害程度"这一因素，可以对不同类型的外来生物进行综合统一评价。

表 10-2　多指标综合评判风险指标评判标准

评判指标	指标内容	数量指标
P_1	国内分布状况	国内无分布 $P_1=3$；国内分布面积占 0～20%，$P_1=2$；国内分布面积占 20%～50%，$P_1=1$；国内分布面积大于 50%，$P_1=0$
P_{21}	潜在的经济为害性	据预测，造成的产量损失达 20% 以上，和（或）严重降低作物产品质量，$P_{21}=3$；产量损失为 5%～20%，和（或）有较大的质量损失，$P_{21}=2$；产量损失为 1%～5%，和（或）较小的质量损失，$P_{21}=1$；且对质量无影响，$P_{21}=0$（如难以对产量/质量损失进行评估，可考虑用有害生物的为害程度进行间接的评判）
P_{22}	是否为其他检疫性有害生物的传播媒介	可传带 3 种以上的检疫性有害生物，$P_{22}=3$；传带 2 种，$P_{22}=2$；传带 1 种，$P_{22}=1$；不传带任何检疫性有害生物，$P_{22}=0$
P_{23}	国外重视程度	如有 20 个以上国家把某一有害生物列为检疫性有害生物，$P_{23}=3$；10～19 个国家，$P_{23}=2$；1～9 个国家，$P_{23}=0$
P_{31}	受害栽培寄主的种类	受害栽培寄主达 10 种以上，$P_{31}=3$；9～5 种，$P_{31}=2$；1～4 种，$P_{31}=0$
P_{32}	受害栽培寄主的种植面积	受害栽培寄主的总面积达 350 万 hm^2 以上，$P_{32}=3$；150 万～350 万 hm^2，$P_{32}=2$；小于 150 万 hm^2，$P_{32}=1$；无，$P_{32}=0$

（续）

评判指标	指标内容	数量指标
P_{33}	受害栽培寄主的特殊经济价值	根据其应用机制、出口创汇等方面，由专家进行判断定级，$P_{33}=3，2，1，0$
P_{41}	截获难易	有害生物经常被截获，$P_{41}=3$；偶尔被截获，$P_{41}=2$；从未被截获或历史上只截获过少数几次，$P_{41}=1$；因现有检验技术的原因本项不设"0"级
P_{42}	运输过程中有害生物的存活率	运输中有害生物的存活率在40%以上，$P_{42}=3$；存活率为10%～40%，$P_{42}=2$；存活率为0～10%，$P_{42}=1$；存活率为0，$P_{42}=0$
P_{43}	国外分布状况	在世界50%以上的国家分布，$P_{43}=3$；在世界上25%～50%国家分布，$P_{43}=2$；在世界上0～25%国家分布，$P_{43}=1$；在世界上分布国家为0，$P_{43}=0$
P_{44}	国内的适生范围	国内50%以上的地区能够适生，$P_{44}=3$；国内适生地区比例为25%～50%，$P_{44}=2$；国内适生地区比例为0～25%，$P_{44}=1$；适生范围为0，$P_{44}=0$
P_{45}	传播力	气传的有害生物，$P_{45}=3$；由活动力很强的介体传播的有害生物，$P_{45}=2$；土传传播力很弱的有害生物，$P_{45}=1$；该项不设"0"级
P_{51}	检疫鉴定的难度	现有检疫鉴定方法的可靠性很低，花费的时间很长，$P_{51}=3$；检疫鉴定方法非常可靠且简便快捷，$P_{51}=0$；介于二者之间，$P_{51}=2，1$
P_{52}	除害处理的难度	现有的除害处理方法几乎不能杀死有害生物，$P_{52}=3$；除害率在50%以下，$P_{52}=2$；除害率为50%～100%，$P_{52}=1$；除害率为100%，$P_{52}=0$
P_{53}	根除难度	田间的防治效果差，成本高，难度大，$P_{53}=3$；田间防治效果显著，成本很低，简便，$P_{53}=0$；介于二者之间，$P_{53}=2，1$

表 10-3　多指标综合评价风险计算

评判指标	指标计算公式
R	$R=\sqrt[5]{P_1P_2P_3P_4P_5}$
P_1	P_1 根据评判指标决定
P_2	$P_2=0.6P_{21}+0.2P_{22}+0.2P_{23}$

（续）

评判指标	指标计算公式
P_3	$P_3 = \mathrm{Max}\,(P_{31},\ P_{32},\ P_{33})$
P_4	$P_4 = \sqrt[5]{P_{41}P_{42}P_{43}P_{44}P_{45}}$
P_5	$P_5 = (P_{51} + P_{52} + P_{53})\,/3$

二、取值计算

根据我国有害生物的危险性多指标综合评判风险指标评判标准，取值如表 10 - 4 所示。

表 10 - 4　向日葵白锈病危险性多指标综合评判指标取值

取值原因	取值结论
向日葵白锈病在国内分布面积占 0～20%（新疆北部）	$P_1 = 2$
据预测，向日葵白锈病造成的产量损失为 1%～5%	$P_{21} = 2$
向日葵白锈病传带两种检疫性有害生物（向日葵黑茎病、向日葵霜霉病）	$P_{22} = 2$
向日葵白锈病有 10～19 个国家列为检疫性有害生物	$P_{23} = 2$
向日葵白锈病栽培寄主为 1～4 种（仅侵染向日葵）	$P_{31} = 0$
向日葵白锈病受害栽培寄主的总面积小于 150 万 hm^2（新疆北部为害为 5 万 hm^2）	$P_{32} = 1$
根据其应用机制、出口创汇等方面，专家判断向日葵白锈病定级	$P_{33} = 1$
向日葵白锈病偶尔被截获（在天津港港口的种子偶尔被截获）	$P_{41} = 2$
运输中向日葵白锈病的存活率为 0～10%（经检验进口的向日葵种子带菌 10% 以下）	$P_{42} = 1$
向日葵白锈病在世界上的国家分布比例为 0～25%（世界上种植向日葵的国家部分有分布）	$P_{43} = 2$
向日葵白锈病国内适生地区比例为 0～25%（根据适生性研究，国内 25% 以下地区可发生）	$P_{44} = 3$
向日葵白锈病传播力：气流传播的有害生物（田间观察向日葵白锈病以气流传播）	$P_{45} = 3$
向日葵白锈病现有检疫鉴定方法的可靠性中等，花费的时间中等，检疫鉴定方法可靠	$P_{51} = 2$
现有的除害处理方法除害率为 50%～100%（田间有药剂可防治）	$P_{52} = 1$
田间的防治效果一般，成本中等，难度较小	$P_{53} = 2$

三、计算结果

根据表 10-3 的计算公式和表 10-4 的取值结论计算得出评判指标 P_1、P_2、P_3、P_4、P_5 和 R 的计算结果（表 10-5）。

表 10-5　向日葵白锈病危险性多指标综合评判计算结果

评判指标	计算结果
P_1	2
P_2	2
P_3	1
P_4	1.046
P_5	1.667
R	1.586

由表 10-5 可知，向日葵白锈病危险性 $R=1.586$，表明向日葵白锈病在新疆属于中度危险有害生物。

第十一章 35％精甲霜灵（金捕隆）悬浮种衣剂拌种防治向日葵白锈病效果

　　向日葵白锈病是一种重大、危险、检疫性外来有害生物，由婆罗门参白锈菌 [*Albugo tragopogonis*（Pers.）Schröt.＝*Cystopus tragopogonis*（Pers.）J. Schröt] 引起，目前在中国境内只分布于新疆。该病已迅速蔓延扩散到新疆北部地区的所有向日葵种植区，且为害逐年加剧，已成为向日葵生产中的主要问题。该病种子带菌，用药剂拌种方法防治国内尚无研究，因此这一研究在农业生产实践中具有重要的现实意义。试验选用的35％精甲霜灵（金捕隆）悬浮种衣剂是由先正达（中国）投资有限公司生产。

一、材料与方法

（一）供试品种及供试药剂

供试品种：当地正播感病向日葵品种美国G101。

供试药剂：见表11-1。

表 11-1　供试药剂及用量

药剂名称	供试药剂生产厂家	稀释倍数	每667m² 用药量
35％精甲霜灵（捕隆）悬浮种衣剂	先正达（中国）投资有限公司	2mL/kg	1.2mL
25％甲霜灵可湿性粉剂	江苏南通农药厂	1 000 倍液	15g
35％精甲霜灵（金捕隆）悬浮种衣剂	先正达（中国）投资有限公司	3mL/kg	1.3mL
64％苴霜·锰锌（杀毒矾）可湿性粉剂	先正达（中国）投资有限公司	800 倍液	18.75g
50％烯酰吗啉（安克）水分散粒剂	德国巴斯夫公司	2 500 倍液	6g
22.5％苴唑菌酮＋30％霜脲氰（52.5％抑快净）水分散粒剂	美国杜邦公司	1 000 倍液	15g

（二）试验条件及试验设计

1. 试验条件　试验设在伊犁地区特克斯县蒙古乡，试验地为沙壤土，肥力中等，前茬作物向日葵，该区向日葵白锈病历年发生较重，试验地 2006 年 5 月 10 日播种，5 月 24 日出苗，田间管理措施同大田，向日葵长势中等。

2. 试验设计及处理设置　本试验设 35％精甲霜灵悬浮种衣剂 200mL、25％甲霜灵可湿性粉剂、35％精甲霜灵悬浮种衣剂 300mL、64％噁霜·锰锌可湿性粉剂、50％烯酰吗啉水分散粒剂、22.5％噁唑菌酮＋30％霜脲氰水分散粒剂 6 种处理，以清水做对照共计 7 个处理，重复 3 次，共计 21 个小区，采用完全随机试验设计，小区面积 32m²。

（三）拌种方法

各处理按 3 次重复的药、种子量，先将称好的药剂加水稀释，然后将药液缓慢倒入备好的种子上，边倒边搅拌使药液均匀分布到每粒种子上，晾干后即日播种。

（四）调查内容及方法

1. 病情指数分级标准与药效计算　病情分级标准：

0 级：无病斑；

1 级：病斑面积占整个叶面积的 1/5，形成褪绿黄斑；

3 级：病斑面积占整个叶面积的 1/5～2/5，形成隆起泡状褪绿黄斑；

5 级：病斑面积占整个叶面积的 2/5～3/5，形成隆起泡状褪绿黄斑，叶片枯黄；

7 级：病斑面积占整个叶面积的 3/5～4/5，形成隆起泡状褪绿黄斑，叶片枯黄脱落；

9 级：病斑面积大于整个叶面积的 4/5，形成隆起泡状褪绿黄斑，叶片干枯死亡脱落。

病情指数和防效计算均用常规法。

2. 安全性　出苗后观察向日葵的生长发育状况，评价药剂对向日葵的安全性。

3. 调查方法　在向日葵发病初期、中期、后期和末期分 4 次调查，采用定点系统调查，每处理小区取一样点，每样点连续数取 10 株，挂牌标记，以单株为单位，每株对上部、中部、下部叶按病害分级标准进行调查，计算病情指数及防效，结果采用邓肯氏新复极差法进行统计分析。

二、结果与分析

(一)药害调查

试验于 2006 年 5 月 10 日播种，5 月 24 日出苗，除 22.5% 苄唑菌酮＋30% 霜脲氰水分散粒剂略微延迟出苗外，其余各处理区出苗期基本一致，出苗后进行田间调查，各处理区向日葵株高、叶色、长势与清水对照区基本一致，均无药害现象，表明 6 种处理在试验剂量下对向日葵生长安全。

(二)田间防效

药剂拌种防治向日葵白锈病效果见表 11-2 和图 11-1。从表 11-2 可以看出，每 100kg 向日葵种子用 35% 精甲霜灵悬浮种衣剂 200mL、25% 甲霜灵可湿性粉剂 1 000 倍液、每 100kg 向日葵种子用 35% 精甲霜灵悬浮种衣剂 300mL 和 64% 苄霜·锰锌可湿性粉剂 800 倍液等 4 种处理间防效无差异，防效理想，均显著优于 50% 烯酰吗啉水分散粒剂 2 500 倍液、22.5% 苄唑菌酮＋30% 霜脲氰水分散粒剂 1 000 倍液拌种防效最低（防效 53.2%）。蕾期和初花期的防效与苗期相比明显下降，每 100kg 向日葵种子用 35% 精甲霜灵悬浮种衣剂 200mL、25% 甲霜灵可湿性粉剂 1 000 倍液、每 100kg 向日葵种子用 35% 精甲霜灵（金捕隆）悬浮种衣剂 300mL 和 64% 苄霜·锰锌可湿性粉剂 800 倍液等 4 种药剂防效显著优于 50% 烯酰吗啉水分散粒剂 2 500 倍液和 22.5% 苄唑菌酮＋30% 霜脲氰水分散粒剂 1 000 倍液；终花期 6 种处理的防效均不明显，此时 6 种处理间防效无差异。

表 11-2　药剂拌种防治向日葵白锈病效果

药剂名称	稀释倍数或用量	苗期（发病初期）		蕾期（中期）		初花期（后期）		终花期（末期）	
		病情指数	相对防效（%）	病情指数	相对防效（%）	病情指数	相对防效（%）	病情指数	相对防效（%）
25% 甲霜灵可湿性粉剂	1 000 倍液	1.71	83a	14.1	60.6a	12.4	58.9a	39.8	21.6a
35% 精甲霜灵悬浮种衣剂	2mL/kg	1.71	83a	14.4	59.8a	13.0	57.0a	42.3	20.7a
64% 苄霜·锰锌可湿性粉剂	800 倍液	1.71	83a	17.0	52.5a	13.6	54.9a	44.8	19.8a
35% 精甲霜灵悬浮种衣剂	300mL/kg	2.5	75.1a	17.7	50.6a	15.1	50.0a	35.4	23.2a

（续）

药剂名称	稀释倍数或用量	苗期（发病初期）		蕾期（中期）		初花期（后期）		终花期（末期）	
		病情指数	相对防效（％）	病情指数	相对防效（％）	病情指数	相对防效（％）	病情指数	相对防效（％）
50％烯酰吗啉可分散粒剂	2 500 倍液	3.03	69.8b	20.0	44.1b	16.3	46.0b	38.4	22.1a
22.5％苊唑菌酮＋30％霜脲氰可分散粒剂	1 000 倍液	4.7	53.2c	20.1	43.8b	19.0	37.1b	30.0	25.5b
清水对照		10.0	—	35.8	—	30.2	—	35.9	—

1）表中数据均为 3 次重复的平均值；2）防效后小写字母表示 5％显著水平；3）多重比较采用邓肯氏新复极差法。

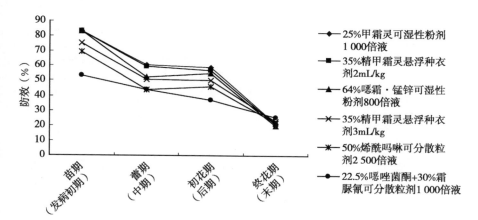

图 11-1　药剂拌种防治向日葵白锈病效果

三、小结与讨论

药剂拌种试验结果表明，6 种处理对向日葵出苗安全，不产生药害。6 种处理的药效持续期为 2 个月，且防效随向日葵生育进程的推进而降低，其中以出苗后 35d（苗期）防效最为理想，此时 25％甲霜灵可湿性粉剂 1 000 倍液、每 100kg 向日葵种子用 35％精甲霜灵悬浮种衣剂 200mL、64％苊霜•锰锌可湿性粉剂 800 倍液、每 100kg 向日葵种子用 35％精甲霜灵悬浮种衣剂 300mL 4 种处理防效显著优于 50％烯酰吗啉水分散粒剂 2 500 倍液和 22.5％苊唑菌酮＋30％霜脲氰水分散粒剂 1 000 倍液；出苗后 50～65d，防效下降迅速，此期间 25％甲霜灵可湿性粉剂 1 000 倍液、每 100kg 向日葵种子用 35％精甲霜灵悬浮种衣剂 200mL、64％荳霜·锰锌可湿性粉剂 800 倍液、每 100kg 向日葵种子用 35％精甲霜灵悬浮种衣剂 300mL 4 种处理防效在 55％左右，仍显著优于 50％烯酰吗啉水分散粒剂 2 500 倍液和 22.5％荳唑菌酮＋30％霜脲氰水分散粒剂 1 000 倍液；出苗后 100d 6 种处理的防效均较低，且各处理间防效无差异。

　　从向日葵白锈病的发病规律来看，向日葵白锈病从苗期开始发生到高峰期是向日葵的蕾期和花期；从拌种药剂防效的变化规律上看，防效和发病规律不是十分吻合，但药剂拌种可有效杀死向日葵种子所带的菌，对有效防治向日葵白锈病传播蔓延具有重要的现实意义。研究表明，采用药剂拌种与茎叶处理相结合的方法，是防治新疆外来危险性有害生物向日葵白锈病的有效化学防治途径。

第十二章

6 种药剂对向日葵白锈病的田间防治

一、材料与方法

（一）试验地点及向日葵品种

试验在伊犁河谷新源县新源镇进行，供试向日葵品种为美国 G101。

（二）试验药剂及试验设计

供试药剂及用量见表 12-1。

表 12-1　供试药剂与用量

药剂名称	供试药剂生产厂家	稀释倍数	15kg 水用药量（g）
80%三乙膦酸铝可湿性粉剂	四川双流农药厂	600	25
25%甲霜灵可湿性粉剂	江苏南通农药厂	1 000	15
64%苄霜·锰锌可湿性粉剂	先正达中国投资有限公司	800	17.5
72%霜脲·锰锌可湿性粉剂	西安文远化学工业有限公司	600	25
50%烯酰吗啉（安克）水分散粒剂	德国巴斯夫公司	2 500	6
22.5%苄唑菌酮＋30%霜脲氰（52.5%抑快净）水分散粒剂	美国杜邦公司	1 000	15

试验设计：本试验设 6 个处理，以清水作对照，共计 7 个处理，重复 3 次，共计 21 个小区，采用完全随机试验设计，小区面积 32m²。

（三）试验条件

试验地为沙壤土，肥力中等，前茬作物为冬小麦。该区向日葵白锈病历年发生较重。试验地 2006 年 4 月 18 日播种，5 月 3 日出苗，田间管理措施同大田，向日葵长势中等。

（四）施药方法

试验地第一次是 6 月 27 日施药，间隔 3d 后第二次施药，整个生育期施药

2次，均使用16型背负式喷雾器施药。

（五）调查内容及方法

1. 病情指数分级标准与药效计算　病情分级标准见第十一章。病情指数和防效计算均用常规方法。

2. 安全性　施药后观察向日葵的生长发育状况，评价各处理对向日葵的安全性。

3. 调查方法　在第一次施药前、第一次施药后第三天、第二次施药后第三天、第七天、第十四天分5次分别进行调查。采用定点调查的方式，每个处理取一样点，每个样点连续数取10株挂牌标记，调查时以单株为单位，每株对上部、中部、下部叶片按病害分级标准进行调查记载，计算病情指数和防效。

二、结果与分析

（一）药害调查

在供试药剂浓度和剂量下，施药前后与空白对照相比，6种处理对向日葵均无药害反应，该结果表明，6种处理均对向日葵安全。

（二）田间防效

供试6种药剂防治向日葵白锈病田间防效见表12-2。从表12-2可见，施药前7个处理的病情指数无显著差异；第一次施药后3d，6种处理的防效无差异，防效均较低，除25％甲霜灵可湿性粉剂1 000倍液和64％苔霜·锰锌可湿性粉剂800倍液的防效分别为22.4％和21.0％外，其余处理防效均不足20％；第二次施药后3d调查结果表明，此时6种处理在防效上出现了显著差异，其中25％甲霜灵可湿性粉剂1 000倍液、50％烯酰吗啉水分散粒剂2 500倍液和64％苔霜·锰锌可湿性粉剂800倍液3种处理的防效优于其他3种处理，其中25％甲霜灵可湿性粉剂1 000倍液的防效最高（36.7％），又显著优于64％苔霜·锰锌可湿性粉剂800倍液（29.5％），此时6种处理的防效均低于40％，不是很理想；第二次施药后7d的调查结果表明，6种处理的防效均有不同程度的增加，防效排在前3位的依次是25％甲霜灵可湿性粉剂1 000倍液、50％烯酰吗啉水分散粒剂2 500倍液和64％苔霜·锰锌可湿性粉剂800倍液3种处理，三者之间防效无显著差异，但均显著优于22.5％苔唑菌酮＋30％霜脲氰水分散粒剂1 000倍液、72％霜脲·锰锌可湿性粉剂600倍液和80％三乙膦酸铝可湿性粉剂600倍液，其中22.5％苔唑菌酮＋30％霜脲氰水分散粒剂 1 000 倍液的防效显著优于 72％霜脲·锰锌可湿性粉剂 600 倍液；第二次施药后 14d 调查结果表明，防效好的有 3 个处理，即 25％甲霜灵可湿性粉剂 1 000 倍液防效为 87.6％、50％烯酰吗啉水分散粒剂 2 500 倍液为 86.8％、64％苊霜·锰锌可湿性粉剂 800 倍液为 75.7％，其中 25％甲霜灵可湿性粉剂的防效显著优于 64％苊霜·锰锌可湿性粉剂，其余 3 种药剂防效均不理想且无差异。

表 12 - 2　6 种药剂防治向日葵白锈病田间防效

药剂名称	药前病情指数	第一次施药后 3d		第二次施药后 3d		第二次施药后 7d		第二次施药后 14d	
		病情指数	防效	病情指数	防效	病情指数	防效	病情指数	防效
80％三乙膦酸铝可湿性粉剂	15.8	16.1	22.4a	16.2	36.7a	13.5	42.5a	2.8	87.6a
25％甲霜灵可湿性粉剂	13.3	14.1	19.2a	14.4	33.1ab	11.7	40.2a	2.5	86.8a
64％苊霜·锰锌可湿性粉剂	13.6	14.1	21.0a	15.1	29.5b	13.8	37.2a	4.7	75.7b
72％霜脲·锰锌可湿性粉剂	13.6	14.3	18.1a	17.5	20.4c	13.8	31.1b	9.7	49.9c
50％烯酰吗啉水分散粒剂	12.8	13.6	19.0a	16.0	23.5c	14.1	24.8c	9.2	49.5c
22.5％苊唑菌酮＋30％霜脲氰水分散粒剂	13.3	14.4	17.5a	16.7	22.4c	13.9	28.7bc	7.8	41.1c
清水对照	14.4	18.9	—	23.3	—	21.1	—	20.5	—

1)　数据均为三重复的平均值；2) 防效后小写字母表示 5％显著水平；3) 多重比较采用邓肯氏新复极差法。

三、结论

　　田间药剂防治向日葵白锈病试验结果表明，6 种药剂处理均可不同程度地控制向日葵白锈病的发生。但在第二次施药 3d 以后的调查结果表明，6 种药剂在防效上出现显著差异，25％甲霜灵可湿性粉剂、50％烯酰吗啉水分散粒剂和 64％苊霜·锰锌可湿性粉剂 3 种药剂的防效显著高于 22.5％苊唑菌酮＋30％霜脲氰水分散粒剂、72％霜脲·锰锌可湿性粉剂和 80％三乙膦酸铝可湿性粉剂 3 种药剂，防效由高到低依次为 25％甲霜灵可湿性粉剂、50％烯酰吗啉水分散粒剂、64％苣霜·锰锌可湿性粉剂、22.5％苣唑菌酮＋30％霜脲氰水分散粒剂、72％霜脲·锰锌可湿性粉剂和80％三乙膦酸铝可湿性粉剂。

6种药剂在第一次施药后和第二次施药后3d期间，防效增长缓慢，从第二次施药7～14d防效增长迅速，尤其以25％甲霜灵可湿性粉剂、50％烯酰吗啉水分散粒剂和64％苣霜·锰锌可湿性粉剂表现出较好的速效性且防效好。此外，研究表明，采用茎叶处理与药剂拌种相结合的方法，是防治新疆外来危险性有害生物引起的向日葵白锈病的有效化学防治途径。

第十三章 向日葵白锈病防治技术

一、植物检疫

向日葵白锈病的检疫检验包括产地检验和籽粒检验。由于该病症状特征明显，产地检验和籽粒检验一般易于实施。向日葵白锈病菌的检疫应以产地检疫和发病区治理为主。根据病情普查资料，划定发病区（疫区）。发病区（疫区）产出的向日葵籽粒只能在发病区（疫区）加工和销售，发病区（疫区）生产的种子只能在发病区（疫区）销售。初发现的病点、病区应采取铲除措施，老病区采取综合措施，限期治理。国外引入的向日葵种子籽粒应进行 2 年以上的隔离种植。向日葵白锈病的防治主要采取种植抗病品种、保持田间卫生和适期施药等措施。

一经发现进境向日葵种子中携带向日葵白锈病菌，应对货物做销毁或退运等处理。

（一）产地检验

在向日葵生长季节定期进行田间产地检验。主要检查叶片、叶柄、茎秆、花瓣和花萼有无白锈病的典型症状，确定有无发病，若有发病，还需以单个向日葵种植田块或大面积向日葵种植区为单位取样调查发病程度。

（二）籽粒检验

（1）加强对向日葵种子调运的检疫，禁止从疫区调运向日葵种子，防止病菌传播蔓延。

（2）种子带菌可解剖后用透明染色法检验孢子形态。

（3）病原鉴定：将病部表面菌体挑在载玻片上，加无菌水，制成临时玻片，置于光学显微镜下观察并测量孢子囊特征及大小：随机取 100 个孢子囊，测量其纵横径。孢子大小测量及特征观察，将病组织进行徒手切片，置于载玻片上，加一滴乳酚油，在酒精灯上加热 3～5min，组织透明后，观察其特征，测量大小。

（4）种子洗涤检验：将试样充分混匀后，抽取足量样品进行洗涤。洗涤时可加数滴吐温-20。经充分振荡后，将洗涤液倒入灭菌的离心管中，1 500r/min离心 3min，弃上清，重复离心，直至用完全部洗涤液。将席尔试液加入离心沉淀物中，充分振荡后，制片观察。如发现可疑孢子按前述形态鉴定，或将沉淀物用 PCR 技术检验。

（5）PCR 技术检验：提取上述洗涤液沉淀物或病组织 DNA 用 PCR 方法检验，用向日葵白锈病菌的特异性引物 P3（5′- CTTGCAGTCTCTGCTCGG - 3′）和 P4（5′- ACTGACTTTGACT CCTCCT - 3′）扩增提取的 DNA，经扩增及电泳后出现一个 370bp 大小的特异性产物，而其他微生物不会出现。

二、农业防治

选用抗病性较强的品种，如 TK311、诺油 6 号、矮大头（567DW）、TO12244 等；清理病残体；实行轮作倒茬，与小麦等禾本科作物轮作；合理密植，每 $667m^2$ 保苗 5 000～5 500 株；适时晚播；合理施肥，增施有机肥等。

三、物理防治

发病初期，摘除发病叶片，集中销毁。

四、化学防治

（一）种子处理

选用 25％甲霜灵可湿性粉剂、64％苊霜·锰锌（杀毒矾）可湿性粉剂，按种子量的 0.3％的比例或每 100kg 向日葵种子用 35％精甲霜灵悬浮种衣剂 200mL 进行拌种，先用少量水将药剂溶化，再均匀喷洒在待处理的向日葵种子上，边喷洒边搅拌，直至种子表面浸润为止，摊开阴干后播种。

（二）茎叶处理

在发病初期，选用 72％霜脲·锰锌（杜邦克露）可湿性粉剂 1 500 倍液、64％苊霜·锰锌（杀毒矾）可湿性粉剂 1 000 倍液、58％甲霜灵·锰锌可湿性粉剂 800～1 000 倍液、50％氟吗啉·锰锌可湿性粉剂 2 000 倍液等药剂进行喷雾防治，每隔 7～10d 喷 1 次，连喷 2 次。

第十四章

向日葵白锈病研究的基本方法

一、向日葵白锈病常规检测技术

在向日葵白锈病叶片背面挑取白色疱状物，置于载玻片上，加无菌水，或用溴酚蓝、棉兰染料染色，制成临时玻片，置于光学显微镜下观察测量孢子囊特征及大小；将干枯病组织进行徒手切片，置于载玻片上，加一滴乳酚油，在酒精灯上加热3～5min，组织透明，或用1％～2％的NaOH浸泡叶片使组织透明，观察其特征并测量大小。

种子洗涤检验：将携带向日葵白锈病病菌的种子充分与无菌水混匀，振荡20min，将振荡后的液体倒入灭菌的离心管中，1 500r/min离心3min，弃上清，重复离心，直至用完全部洗涤液。将席尔试液加入离心沉淀物中，充分振荡后，制片观察。

二、基因组DNA提取方法

（一）DNA提取方法

样品为疑似寄主植物种子或病组织时，将病组织或种子冷冻加液氮研磨，放入1.5mL离心管中待用。收集菌丝浸在盛有1.5mL的液氮离心管中，用塑料杵碾碎待用。

离心管中加入300～500μL CTAB缓冲液（其中含0.1g蛋白酶K）混匀，65℃水浴1h；13 000 g^*离心5～10 min，保留上清液；加500μL Tris饱和酚：氯仿：异戊醇（体积比例为25：24：1）混匀，13 000 g离心5～10min，保留上清液；再加500μL氯仿：异戊醇（体积为24：1）混匀，13 000 g离心5～10min，保留上清液；加入1mL异丙醇混匀，－70℃下放置1h，或－20℃过夜；13 000 g离心30min，可见DNA沉淀；70％乙醇洗DNA沉淀，室温干燥；用30～50μL Tris－EDTA缓冲液溶解病原菌DNA，待用。

---

* g（相对离心力）$=1.119\times10^{-5}n^2r$，n：离心机的转速，r：粒体离中心的距离。

（二）PCR 检测方法

特异性引物 P3 和 P4 的序列分别为：5′-CTTGCAGTCTCTGCTCGG-3′和 5′-ACTGACTTTGACTCCTCCT-3′

25μL 反应体系：$10\times$ Buffer 2.5 μL，25 mmol/L $MgCl_2$ 1.8μL，2.5 mmol/L dNTP 2μL，5U/μL Tag DNA 聚合酶 0.2μL，上、下游引物 10μmol/L 各 1 μL，DNA 模板 5 μL。

反应条件：预变性 95 ℃/3min；95℃/30s，56℃/30s，72℃/30s，共 35 个循环；72℃延伸 7min。

在 1×TAE 电泳缓冲液中，1.5%琼脂糖（含 SYBR Green I 核酸染料）凝胶电泳，5V/cm，凝胶成像仪分析结果。

三、病害分级标准

0 级：无病斑；

1 级：病斑面积占整个叶面积的 1/5 以下，形成褪绿黄斑；

3 级：病斑面积占整个叶面积的 1/5～2/5，形成隆起泡状褪绿黄斑；

5 级：病斑面积占整个叶面积的 2/5～3/5，形成隆起泡状褪绿黄斑，叶片枯黄；

7 级：病斑面积占整个叶面积的 3/5～4/5，形成隆起泡状褪绿黄斑，叶片枯黄脱落；

9 级：病斑面积占整个叶面积的 4/5 以上，形成隆起泡状褪绿黄斑，叶片干枯死亡脱落。

$$发病率 = \frac{发病株数}{调查总株数} \times 100\%$$

$$病情指数 = \frac{\sum(各级病叶数 \times 相对级数值)}{调查株数 \times 最高级数} \times 100$$

$$相对抗病指数 = \frac{鉴定品种的平均病情指数}{对照品种病情指数}（病情指数最高的为对照品种）$$

$$抗病性指数 = 1 - 相对抗病性指数$$

四、抗病性评价

采用相对抗病性方法，评价抗病程度。抗病程度分为：

免疫（I）：抗病性指数为 1.00；

高抗（HR）：抗病性指数为 0.80～0.99；

中抗（MR）：抗病性指数为 0.40～0.79；

中感（MS）：抗病性指数为 0.20～0.39；

高感（HS）：抗病性指数为 0.20 以下。

五、向日葵白锈病流行程度分级标准

0 级：无向日葵白锈病发生；

1 级：轻度发生，病叶率小于 5%；

2 级：中度偏轻发生，病叶率为 5%～20%，植株多数叶片有病斑，无干枯叶片；

3 级：中度发生，病叶率为 20%～50%，叶片干枯；

4 级：中度偏重发生，病叶率为 50%～70%，多数叶片干枯、脱落；

5 级：大发生，病叶率为 70%～100%，叶片全部干枯、脱落。

向日葵黑茎病国外研究现状

一、地理分布

向日葵黑茎病（Sunflower Phoma black stem），主要分布在欧洲的保加利亚、法国、罗马尼亚、乌克兰、俄罗斯、前南斯拉夫、匈牙利、意大利、塞尔维亚；美洲的加拿大、阿根廷、美国（明尼苏达州、北达科他州、南达科他州、得克萨斯州）；亚洲的伊朗、伊拉克、巴基斯坦、哈萨克斯坦；大洋洲的澳大利亚。

二、发生为害、病原菌及致病性

向日葵黑茎病首次于20世纪70年代后期发现于欧洲，1984年在美国发现。1990年该病在法国大面积发生，严重制约了法国向日葵产业的发展。到1990年以后，该病蔓延至世界许多国家。Boerema（1970）、Emmett和Parbery（1980）分别描述了病原菌的鉴定特征；Aciomovic（1984）报道了向日葵黑茎病在欧美国家的大量发生；Maric和Schneider（1979）首次报道了该病的发生，以及病原菌的分离、鉴定与回接等研究结果，明确了 *Phoma macdonaldii* 的病原身份及其较强的致病性与传染性；Donald（1986）等报道了该病病原 *Phoma macdonaldii* 是美国北达科他州向日葵最易分离到的致病菌，向日葵黑茎病能在灌浆过程中影响植物的活力；Madjidieh‐Ghassemi Hua和Ma（1988）分别报道了该病在伊拉克、伊朗和澳大利亚的发生；至1990年以后，该病已经蔓延至世界许多地区，并成为法国向日葵上最严重的病害；Sackston等（1992）报道了当病害在茎基部包茎后，能使向日葵过早成熟；Miric和Aitken等（1999）首次报道了向日葵黑茎病的病原菌在澳大利亚昆士兰东南部的分离、鉴定及接种致病情况，以及昆士兰分离菌株的DNA随机扩增多样性和ITS序列的分析结果与来自加拿大的模式标本的相似性和相关性；学者Penaud（1986）报道了黑茎病能导致产量损失 10% ～ 30%；Maric（1988）和Carson（1991）证明了黑茎病使种子的含油量降低和千粒重降低的结果。病害控制除了尽量减少人为传播并与适当的栽培管理方法相结合外，向日葵黑茎病抗病品种的利用也是一种有效的方式用来控制病害发生蔓延。Peres 等（1986）报道了对该病的抗病基因研究和耐病性的变异与利用；Rachid 等人（2002）在室内精选育苗试验，确定了几个部分抗黑茎病的数量性状位点（QTL 定位）的研究；Alignan（2006）报道向日葵黑茎病是在法国除了向日葵霜霉病外的第二个最重要病害；Gentzbittel（1995）与 Bert（2004）用限制性内切酶对 DNA 进行酶切，确定了向日葵的遗传图谱；Mirleau - Thebaud（2011）指出，黑茎病影响葵花籽油油酸、亚油酸、脂肪酸等的组成，对油脂的品质有一定破坏作用；Abou Al Fadilde（2004）通过对 *Phoma macdonaldii* 接种，利用扫描、透射电子显微镜、光学显微镜来阐述了病原菌与寄主的寄生关系。在 2007 年美国国家安全局的实地调查表明，现场的发病率在美国明尼苏达州和加拿大曼尼托巴省为 10%～40% 不等。目前，许多国外学者对向日葵黑茎病病原形态、发生规律及遗传分析等方面进行了详细的研究。

迄今已对向日葵黑茎病病原形态与生物学特性、发生流行规律及防治技术等进行了大量的研究和报道，已明确了（*Phoma macdonaldii* Boerma 有性阶段：*Leptosphaeria lindquistii* Frezzi）的病原身份及其较强的致病性与传染性及分类，当前的寄主范围和分布情况。已在欧美许多国家被列入植物检疫名单。目前大量研究工作重点放在了病原致病机理、寻找抗病基因和抗病育种等方面。

黑茎病的抗病育种方面，如法国研究者 Rachid Al - Chaarani G. 等人（2002）利用亲本 PAC - 2′ and ′RHA - 266 配制的 RILs 为研究材料通过区间作图将黑茎病的 7 个抗性 QTLs 定位在 3，6，8，9，11，15 和 17 染色体上。

昆虫也是向日葵黑茎病传播介体，向日葵茎象甲体内与体表可携带病原菌孢子。在叶片上取食的象甲成虫可引起叶斑，而被病原菌侵染的幼虫通过茎部蛀食隧道而使种子带菌。

向日葵黑茎病病原菌侵入向日葵幼苗的超微结构的研究表明，黑茎病菌的分生孢子通过萌发的芽管直接形成侵入钉而侵入（这一过程不形成压力泡）或通过气孔直接进入（Roustaee，2000）。

第十六章　向日葵黑茎病发生与为害

一、发现

　　2005 年 5 月初，新疆某种业从法国引进某品种向日葵（油用型）种子，通过新源县某种子经销商在新疆新源县坎苏乡二村种植 100 余亩，8 月下旬至 9 月初该田中向日葵茎秆上发现黑褐色大病斑，并导致向日葵茎秆大量干枯和倒伏死亡，种植农户上告种子经销商。9 月 12 日在伊犁哈萨克自治州种子管理站和该种业的邀请下，笔者调查了 100 余亩向日葵田，发现向日葵茎秆发黑且大量倒伏死亡是由向日葵黑茎病（*Phoma macdonaldii* Boerma）引起（图 16-1 和图 16-2）。

图 16-1　首次发现的向日葵黑茎病单株

图 16-2　首次发现的向日葵黑茎病大田为害状

二、发生为害

2007年9月在特克斯县调查（表16-1），该县有2 625 hm² 向日葵田发生黑茎病，占该县向日葵种植面积的65%，田间平均发病率47%；重病田约666 hm²，田间发病率100%；绝收面积达267 hm²；造成了严重的产量损失。其中齐勒乌泽克乡种植的JN-2519品种，面积133 hm²，发病最重，发病率100%，死亡率59.33%；喀拉达拉乡种植的M0 314品种，面积200 hm²，发病率100%，死亡率44%。

同年同期，在新源县的调查结果表明，该县向日葵黑茎病发生面积约1 333 hm²，占该县向日葵种植面积的51%，平均田间发病率为35%；重病田约50%，发病率为100%；倒伏绝收面积485 hm²，其中KWS303品种倒伏绝收面积397 hm²，瑞特姆品种倒伏绝收面积88 hm²。

2010年调查，石河子向日葵黑茎病田间发病率21%；博乐市温泉县安格里格乡向日葵发病率22%；霍城县复播向日葵发病率10%。新源县调查（表16-2），田间平均发病率88%，平均倒伏死亡率44.85%。2010年据新疆维吾尔自治区植物保护站统计，全自治区向日葵黑茎病发生面积8 267 hm²，造成0.332亿元经济损失。

2015年调查，新源县向日葵黑茎病发病情况：TO12244平均病情指数为32.30，KWS204平均病情指数为45.48，金葵谷06006平均病情指数为20.22。

向日葵黑茎病2010年6月11日被新疆农业厅列入新疆维吾尔自治区农业植物检疫性有害生物补充名单中；2010年10月20日被农业部、国家质量检验检疫总局列入《中华人民共和国进境植物检疫性有害生物名录》。该病已成为全国向日葵产业中急待解决的病害问题之一。

表16-1　向日葵黑茎病田间发病及死亡情况调查（特克斯，2007）

序号	乡（场）	农户	调查数（株）	发病数（株）	发病率（%）	倒伏死亡数（株）	倒伏死亡率（%）	品种
1	喀拉达拉乡	马龙	250	250	100	112	44.8	瑞特姆
2	喀拉达拉乡	渠敬福	250	250	100	141	56.4	瑞特姆
3	军马场	马瑞华	250	250	100	195	78	瑞特姆
4	阔克苏乡	哈尔山	250	250	100	116	46.4	瑞特姆
5	齐勒乌泽克乡	努尔赛力克	250	250	100	124	49.6	JN-2519
6	齐勒乌泽克乡	赛伦加吾	250	250	100	180	72	JN-2519

（续）

序号	乡（场）	农户	调查数（株）	发病数（株）	发病率（%）	倒伏死亡数（株）	倒伏死亡率（%）	品种
7	齐勒乌泽克乡	山巴义尔	250	250	100	141	56.4	JN－2519
		平均			100	144	57.66	

备注：每户5点，每样点取50株向日葵。

表 16－2　向日葵黑茎病倒伏死亡率调查（新源，2010；北葵17）

序号	乡镇	农户姓名	种植面积（hm²）	发病率（%）	倒伏死亡率（%）
1	阿热勒托别镇	丁铭祥	1.53	85	50
2	那拉提镇	王彦昌	0.96	92	57
3	坎苏乡	努尔买买提	0.67	86	50
4	肖尔布拉克镇	于明友	0.73	75	34.2
5	肖尔布拉克镇	马云勇	2.67	93	56.5
6	肖尔布拉克镇	王雪山	3.73	82	25.6
7	别斯托别乡	高月新	4.00	95	27.5
8	吐尔根农场	周建军	3.00	96	58
平均				88	44.85

三、侵染与为害

田间实地调查表明，向日葵黑茎病首先从植株下部茎秆的叶柄基部发生，刚开始茎秆外表皮出现一黑点，后扩大成一黑斑，黑斑沿茎纵向扩展，无规则，但大多是长条形。开始黑斑很小，长约1cm，后来较大的病斑长3～4cm、宽1～2cm。病症首先出现在外表皮下的内皮层，刚开始发病时内皮层呈粉红色，后在内皮层纵向沿茎维管束向上下扩展形成很多小黑斑点，并向茎秆内下皮层扩展，后整个韧皮部发黑。病斑水渍状，无油性。到后来发病处茎秆横切面韧皮部维管束全部发黑，再往后黑色向内扩展到茎秆内心木质髓部，整个内心髓部都发黑，整个木质髓部呈水渍状，空洞化，并沿茎秆向上下扩展，一般扩展3～5cm长。茎秆外表皮呈黑斑状，但一般中前期茎秆外表皮上的黑斑并不连片，此时内部韧皮部和中心髓部病斑连接成较长的一段。有的病斑先出现在下层叶片的叶柄上，后来扩展到茎秆上，叶柄上的症状与茎秆上的基本相同。

一般顶部葵盘倾斜茎秆弯处无病，植株上部1/3处以上很少发病，中下部发病较多。到后期发病重的植株，在距地面 50cm 处的茎秆上都发病，茎秆上黑斑连成片，呈长条形斑，下层叶都发病，叶柄、叶片都变黑、干枯，干枯叶向上（向叶正面）中央卷缩。后来干枯叶面上有一些褐斑突起，每片叶上有几个到一二十个病斑，病斑开始为褐色，后来变成黑色，有的出现白色斑。在枯叶背面（内卷外面）出现白色病斑，白色斑干燥，斑大小 0.5～1.0cm，斑整个突出叶面 0.2～0.4cm，不规则。白斑外 0.5～1.0cm 有一圈黑褐色斑，此黑褐色斑不突起，斑点很小、很多。

发病重的病斑可环绕茎秆，整个茎秆也可全部变黑腐烂，造成植株干枯和倒伏。早期发病的植株枯死，发病较晚的矮化瘦弱，倒伏。当黑斑在叶柄基部围绕连接成带状时，向日葵早熟和早期死亡便发生，染病的植株虚弱并且更容易倒伏。此病害造成向日葵提前早熟，导致葵盘变小，并且种子灌浆不好或是空瘪子，产量低，品质差（图 16-3 至图 16-27）。

图 16-3　TO12244 品种上为害状

图 16-4　奥特姆品种上为害状

图 16-5　JN-2519 品种上为害状

图 16-6　矮大头品种上为害状

图 16 - 7　KWS303 品种田间倒伏状

图 16 - 8　北葵 17 品种田间倒伏状

图 16 - 9　JN - 2519 品种田间倒伏状

图 16 - 10　KW1003 品种田间倒伏状

图 16 - 11　特克斯县向日葵黑茎病为害后造成的枯死状

图 16 - 12　新源县向日葵黑茎病为害后造成的大面积枯死状

图 16 - 13　巩留县向日葵黑茎病为害后造成的大面积枯死状

图 16 - 14　黑茎病导致向日葵茎秆细弱

图 16 - 15　尼勒克县向日葵黑茎病造成的大面积褐色枯死状

图 16 - 16　黑茎病造成向日葵茎秆中空

图 16-17　向日葵黑茎病与向日葵列当混合发生

图 16-18　向日葵黑茎病、黄萎病　　　图 16-19　向日葵黑茎病、菌核病
　　　　　　同株发生　　　　　　　　　　　　　　同株发生

图 16-20　向日葵黑茎病和　　图 16-21　博乐温泉县沙石地向日葵黑茎病发生为害状
　　　　　　菟丝子同株发生

图 16-22　黑茎病导致单株向日葵倒伏状　　图 16-23　新源县向日葵黑茎病为害倒伏状

图 16-24　奎屯黑茎病为害向日葵倒伏状　　图 16-25　特克斯县黑茎病为害
　　　　　　　　　　　　　　　　　　　　　　　　　　向日葵倒伏状

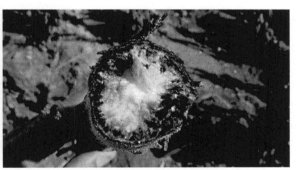

图 16-26　黑茎病为害观赏向日葵　　图 16-27　黑茎病产生的毒素为害向日葵茎秆

图16-28 向日葵黑茎病大面积为害状

四、产量损失

2007 年 9 月对向日葵黑茎病造成的产量损失进行了田间实收测产，新源县肖尔布拉克镇 10 户农民种植的 59hm² KWS303 向日葵品种，平均亩产量 22.7kg（表 16-3）；新疆生产建设兵团第四师 72 团 12 户农民种植的 32hm² KWS303 向日葵品种，平均亩产 25.7kg（表 16-4）；新源县野果林改良场 8 户农民种植的 21hm² 瑞特姆向日葵品种，平均单产 810kg/hm²；比正常单产 3 000kg/hm² 减产均在 73% 以上。

表 16-3　新源县肖尔布拉克镇向日葵亩产量实收测产（2007，品种：KWS303）

序号	户主	面积（hm²）	产量（kg/hm²）
1	王义春	10.27	345.0
2	杨红光	3.87	270.0
3	李崇彬	6.67	409.5
4	杨荣平	6.47	330.0
5	李崇良	6.20	379.5
6	尹华全	6.40	399.0
7	庞国元	2.93	259.5
8	王中华	5.53	270.0
9	周天玉	4.00	349.5
10	马云华	6.60	390.0
合计		58.94	340.5

表 16-4　新疆生产建设兵团第四师 72 团 12 户农民向日葵产量实收测产
（2007，品种：KWS303）

序号	户主	面积（hm²）	总产量（kg）	单位面积产量（kg/hm²）
1	陈爱玲	1.88	856	456.0
2	雷步娜	4.40	1 240	282.0
3	谭新荣	1.15	574	498.0
4	王志强	3.46	949	274.5
5	张商荣	1.70	787	463.5
6	吴传印	0.67	341.5	513.0
7	张志国	4.73	1 096	231.0

（续）

序号	户主	面积（hm²）	总产量（kg）	单位面积产量（kg/hm²）
8	全国立	4.01	1 697	423.0
9	赵梅	2.19	1 375	628.5
10	张卫华	3.13	833	265.5
11	胡国良	2.40	800	333.0
12	张容川	2.20	585	265.5
平均				385.5

五、向日葵黑茎病对结实率的影响

2009 年 9 月在新源县对向日葵黑茎病影响结实率进行了测定，油用品种澳葵 62 发生黑茎病后，结实率平均 55.4%，瘪粒率达 44.6%，对产量影响较大。

表 16 - 5　黑茎病对向日葵结实率的影响（新源，2009，澳葵 62）

姓名	面积（hm²）	盘茎（cm）	总粒数（颗）	结实粒数（颗）	瘪粒数（颗）	结实率（%）	瘪粒率（%）
陈其生	1.33	14.25	1 663	708	955	42.6	57.4
王术	7.33	12.5	1 323.8	573.2	749.6	42.6	57.4
余建财	4.80	13.8	1 509	931	579	61.1	38.9
吐尼亚孜	2.40	14	1 569.4	1 115	454.4	71.1	28.9
傅佐禄	2.67	13.1	1 506	912.3	594.1	59.6	40.4
平均		13.53	1 514.24	847.9	666.42	55.4	44.6

第十七章

向日葵黑茎病的症状特点与地理分布

一、症状特点

向日葵黑茎病发病初期在向日葵叶片叶柄基部形成黑色病斑，并以叶柄基部为中心沿茎上下扩展，形成椭圆形或长条形黑色坏死病斑，严重时病斑绕茎，引起植株死亡。向日葵黑茎病菌在向日葵整个生育期都可侵染，主要为害向日葵地上部的叶片、叶柄、茎秆和花盘。田间向日葵开花初期开始表现症状，开花中、后期症状明显。发病严重的田块叶片全部焦枯、茎秆倒伏、花盘干枯，植株成块或大面积连片变黑枯死。

（一）叶片症状

1. 叶片基部侵入型 从向日葵叶片基部边缘侵入（图 17-1、图 17-2）。

图 17-1 叶片基部侵入型——前期 　　图 17-2 叶片基部侵入型——中期

2. 叶尖侵入型 从向日葵叶片前端部位侵入（图 17-3、图 17-4）。

3. 叶片一边侵入型 一般从向日葵叶片右边边缘侵入，造成向日葵叶片干枯死亡（图 17-5、图 17-6）。

（二）叶柄症状

1. 坏死斑型 病斑不规则型，多数从叶柄基部开始侵染，也可从叶柄前部、中部开始侵染，造成叶柄萎蔫干枯脱落或吊挂茎秆上（图 17-7 至图

17-11)。

图 17-3 叶尖侵入型——前期

图 17-4 叶尖侵入型——中期

图 17-5 叶片一边侵入型——前期

图 17-6 叶片一边侵入型——后期

图 17-7 坏死斑型——叶柄基部侵染

图 17-8 坏死斑型——叶柄基部侵染后期

图 17 - 9　坏死斑型——叶柄前部侵染

图 17 - 10　坏死斑型——叶柄中部侵染

图 17 - 11　坏死斑型——叶柄中部侵染后期

2. 斑点型　产生胡麻斑型病斑，后期多数病斑连接成不规则长条形病斑（图 17 - 12、图 17 - 13）。

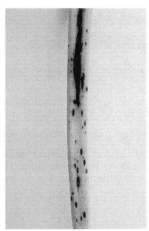

图 17 - 12　斑点型——叶
柄侵染中期

图 17 - 13　斑点型——叶柄侵染后期

（三）茎秆症状

1. 椭圆形病斑症状　　向日葵茎秆上常形成大型椭圆形病斑，病斑最长达 14.70cm，最短 9.20cm，平均 10.79cm，有褐色和黑色两种，有光泽，具清晰的边缘。严重时，病斑可绕茎，且茎秆内变黑腐烂或空心而枯死，茎折倒伏死亡。茎秆病斑表面散生小黑点，即病原菌的分生孢子器。这是向日葵黑茎病的典型症状（图 17-14）。

图 17-14　向日葵黑茎病椭圆形病斑

2. 湿腐型症状 向日葵茎秆受黑茎病菌侵染后表现为湿腐症状。

图 17-15 湿腐型——
单株

图 17-16 湿腐型——大田症状

3. 次生斑型症状 向日葵茎秆和叶柄上向日葵黑茎病菌侵染后期形成很多褐色梭形小斑。

图 17-17 次生斑型——单株

图 17-18 次生斑型——大田症状

4. 开裂型症状 向日葵茎秆受向日葵黑茎病菌侵染后形成纵裂纹，并开裂。

5. 缢缩型症状 向日葵茎秆受向日葵黑茎病菌侵染后受害部位缢缩。

6. 褐色不规则型症状 向日葵茎秆受向日葵黑茎病菌侵染后形成大小不等、形状不同的褐色病斑。

图 17-19　茎秆开裂型
　　　　——单株

图 17-20　缢缩型——单株

图 17-21　褐色不规则型（前期、中期及大田症状）

7. 褐色斑点型症状 向日葵茎秆受向日葵黑茎病病菌侵染后形成褐色小斑点。

8. 梭形斑症状 向日葵茎秆受向日葵黑茎病菌侵染后形成梭形病斑。

9. 溃疡斑型症状 向日葵茎秆受向日葵黑茎病菌侵染后形成溃疡病斑。

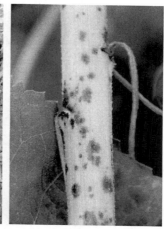

图 17-22 褐色斑点型症状

图 17-23 梭形斑症状

图 17-24　溃疡斑症状

（四）花盘症状

在花盘背面，盘颈和盘颈基部可形成大小不等的褐色或黑褐色病斑。罹病花盘瘦小或干枯，籽粒灌浆不好，使种子产量和含油率降低，造成严重减产。

图 17-25　花盘症状——中后期

图 17 - 26　花盘盘颈症状

图 17 - 27　花盘盘颈折断状

图 17 - 28　大田花盘盘颈折断枯死状

图 17 - 29　受害后花盘变小

图 17 - 30　受害后花盘枯死状

（五）自生苗症状

　　向日葵黑茎病菌侵染向日葵自生苗，自生苗上形成浅褐色水渍状小病斑，后期病斑相连绕茎，致向日葵幼苗死亡。

图 17 - 31　向日葵黑茎病菌侵染自生苗症状

二、地理分布

（一）新疆

1. 伊犁哈萨克自治州　特克斯县、巩留县、昭苏县、霍城县、尼勒克县、新源县、伊宁县、察布查尔锡伯自治县、伊宁市、奎屯市、新源监狱及新疆生产建设兵团第四师 70 团、71 团、72 团、73 团、78 团、79 团、61 团、62 团、63 团、64 团、65 团、66 团、67 团、68 团、69 团。

2. 塔城地区　塔城市、额敏县、和丰县、裕民县。

3. 阿勒泰地区　阿勒泰市、北屯、富蕴县、布尔津县、福海县、哈巴河县及新疆生产建设兵团第十师 181 团、182 团、183 团、187 团、188 团、185 团、189 团。

4. 博尔塔拉蒙古自治州　温泉县、博乐市及新疆生产建设兵团第五师 84 团、88 团。

5. 昌吉回族自治州　玛纳斯县、昌吉市、阜康市、米泉市、吉木沙尔县、奇台县、木垒县。

6. 乌鲁木齐市　乌拉泊、安宁区。

7. 石河子市　新疆农垦科学院。

8. 克拉玛依市。

（二）内蒙古

赤峰市。

（三）宁夏

惠农区、永宁县。

图 17-32　向日葵黑茎病新疆分布示意图

向日葵黑茎病病原菌和生物学特性

第十八章

一、名称

1. 病原学名及其分类地位

有性态：*Leptosphaeria lindquistii* Frezzi 属子囊菌门（Ascomycota），腔菌纲（Leculoascomycetes），格孢腔菌目（Pleosporales），格孢腔菌科（Pleosporaceae），小球腔菌属（*Leptosphaeria*）Ces. et de Not.。

无性态：*Phoma macdonaldii* Boerma，马氏茎点霉，属于有丝分裂孢子真菌（Mitosporic fungi），腔孢纲（Coelomycetes），球壳孢目（Sphaeropsidales），茎点霉属（*Phoma* Sacc.）。

2. 中文名　向日葵黑茎病；异名：向日葵茎点霉黑茎病。

3. 英文名　Sunflower black stem，Sunflower girdling，Sunflower Phoma black stem。

二、病原形态

（一）无性阶段

菌丝无色、分隔、分枝多，较老熟的菌丝分隔处明显膨大。向日葵茎秆病部表面后期出现的小黑点为分生孢子器，即分生孢子器生在病斑上。分生孢子器扁球形至球形，薄壁，深褐色至黑褐色，直径 110～340μm，分散或聚集、埋生或半埋生于菌落中，有乳突，孔口处有淡粉色或乳白色胶质分生孢子黏液溢出。分生孢子器内含有大量分生孢子。分生孢子单胞，无色，肾形或椭球形，两端有油球，大小（3～8）μm×（1.5～5）μm。

（二）有性阶段

2006 年在特克斯县收获的向日葵茎秆上发现向日葵黑茎病菌有性阶段。调查发现，有性阶段的假囊壳只能在前一年死亡的向日葵寄主材料上找到。假囊壳寄生于茎秆表面，近球状。假囊壳中有成束的子囊，每个子囊内有 6～8 个子囊孢子。子囊孢子具 1～3 个分隔，通常 2 个分隔，无色，腊肠形。

图 18-1 向日葵茎秆上的分生孢子器

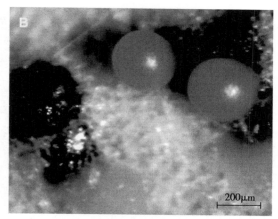

图 18-2 分生孢子器及孔口溢出的粉色胶质分生孢子黏液
（罗加凤摄）

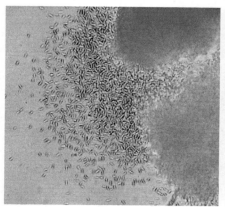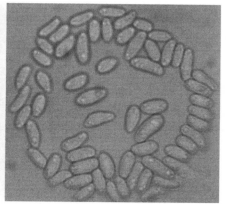

图 18-3 分生孢子器释放分生孢子　　图 18-4 单胞、无色、肾形的分生孢子
（罗加凤摄）

图 18-5　前一年向日葵茎秆上的假囊壳

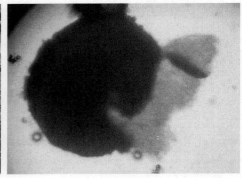

图 18-6　假囊壳释放子囊束（罗加凤摄）

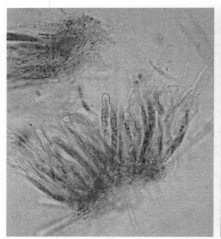

图 18-7　向日葵黑茎病菌子囊束

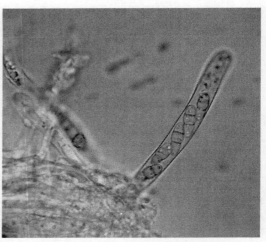

图 18-8　向日葵黑茎病菌子囊及子囊孢子

（三）培养性状

培养 5d 左右，分离组织上出现白色菌落。培养 7d 后，菌落中产生病菌分生孢子器。在 APDA 上，菌落呈乳白色、象牙色或浅灰黑色。菌落边缘不整齐，生长较缓慢，生长速度 4～5mm/d，气生菌丝绒毛状或絮状，培养皿背面初为象牙色或浅黄色，老熟后黄褐色或灰黑色。

三、主要生物学特性

刘彬（2011）的研究表明，在不同营养条件和培养条件试验中，向日葵黑茎病菌对培养基选择性不强，在 PDA 和 HLA 培养基上都能很好地生长，生

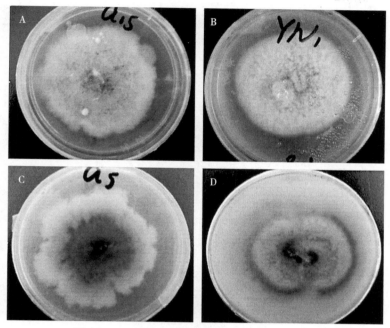

图 18 - 9　APDA 上菌落培养性状（罗加凤摄）
A. 绒毛状边缘不整齐乳白色菌落　B. 絮状青灰色菌落
C. 培养基背面黄褐色　D. 培养基背面黑灰色

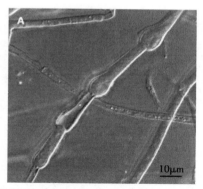

图 18 - 10　分隔处明显膨大的向日葵黑茎病菌菌丝（罗加凤摄）

长最差的培养基为 WA 培养基。对碳源没有明显的选择性，在可溶性淀粉上生长最好，表明多糖比单糖和双糖更利于向日葵黑茎病菌的生长、同时在可溶性淀粉和葡萄糖上产生的分生孢子器较多，而在蔗糖和麦芽糖上生长较差，产的分生孢子器少，表明多糖和单糖利于分生孢子器的产生。对氮源有明显的选择性，在硝酸钾为氮源的培养基上生长最好，而在尿素和硝酸铵为氮源的培养基上基本不生长，表明硝态钾更利于该病菌的生长。该菌对温度不敏感，在4～32℃都能生长，最适温度24～28℃。对 pH 不敏感，偏酸性环境（pH 5.0～7.0）更有利于该病原菌生长。全光照有助于该菌菌丝的生长。

（一）不同培养基对菌丝生长的影响

实验结果表明，向日葵黑茎病菌在供试的马铃薯葡萄糖培养基（PDA）、理查培养基（Richar）、玉米培养基（CMA）、向日葵浸汁培养基（HLA）、水琼脂培养基（WA）、燕麦培养基（OMA）上都能生长，但在 PDA 和 HLA 上生长最好，在培养 7d 时菌落直径分别达到 49.525mm 和 46.65mm，而在 WA 培养基上生长最差，菌落直径仅为 22.562 4mm，在 CMA 和 OMA 上生长速度中等。

（二）不同碳源对菌丝生长的影响

实验结果表明，向日葵黑茎病菌的菌丝能较好地利用不同碳源，但利用程度不同，其中以可溶性淀粉效果最好，培养 7d 菌落生长直径超过 55mm；其次为葡萄糖，蔗糖、果糖、麦芽糖次之；半乳糖最差，培养 7d 菌落生长直径不到 30mm。病菌在可溶性淀粉上生长好，葡萄糖上生长较好，产器多；而在蔗糖上生长差，麦芽糖上生长较差，产器少。

（三）不同氮源对菌丝生长的影响

实验结果表明，向日葵黑茎病菌在所供氮源硝酸钾、尿素、乙酸铵、硫酸铵中对硝酸钾利用率最好，培养 7d 菌落生长直径最大为 11.5mm，其中以尿素和硫酸铵最差，菌落生长直径不超过 10mm。病菌在 4 种培养基上均不产分生孢子器，在硝酸钾和乙酸铵的培养基上生长较好，菌落边缘整齐；而在尿素和硫酸铵的培养基上生长较差，菌落边缘不整齐。

（四）不同温度对菌丝生长的影响

实验结果表明，向日葵黑茎病菌在 4～32℃内均能生长，最适生长温度为 20～28℃。在 4～28℃时，随着温度升高，菌丝生长速度加快；超过 28℃时，随着温度的升高，菌丝生长速度变慢；温度超过 32℃，菌丝基本不能生长。

（五）不同酸碱度对菌丝生长的影响

实验结果表明，向日葵黑茎病菌在 pH3.0～12.0 时均能生长。在 pH 4.0～8.0，菌丝生长最快，菌落生长直径在 40mm 左右，低于 pH4.0 和高于 pH8.0 菌丝生长速度变慢。

（六）不同光照对菌丝生长的影响

实验结果表明，不同光照时间对向日葵黑茎病菌的影响不同，其中以 24h 光照条件下培养，菌丝生长最快，达到 5.072 5mm/d。24h 黑暗培养生长速度次之，12h 黑暗＋12h 光照条件下培养生长速度最低，仅为 2.747 5mm/d。

向日葵黑茎病种子带菌检测

向日葵黑茎病（*Phoma macdonaldii* Boerma）是国内新发生外来入侵有害生物，在国外是检疫性有害生物。2007 年该病害在新疆伊犁河谷的特克斯县和新源县大发生，造成重大经济损失，为了探索该病害的种子带菌情况和初次侵染来源，我们对 2007 年田间向日葵黑茎病发生严重的 4 个向日葵种植品种封样种子进行了室内检测，现将结果报道如下。

一、材料与方法

（一）材料

T—R—1	瑞特姆	20070907001	张兰、赵黎明等封口	
T—R—2	瑞特姆	20070907002	王冲、胡慎玲等封口	
T—R—3	瑞特姆	20070907003	王冲、胡慎玲等封口	
T—R—4	瑞特姆	20070907004	王冲、胡慎玲等封口	
T—JN—1	JN2519	20070907001	益农种子经销部	严振亮等封口
T—JN—2	JN2519	20070907002	益农种子经销部	严振亮等封口
T—KW—1	KW303	20070907001	伊农科技开发中心	雷永鹏等封口
T—KW—2	KW303	20070907002	伊农科技开发中心	雷永鹏等封口
T—KW—3	KW303	20070907003	伊农科技开发中心	雷永鹏等封口
T—M—1	M0314	20070907001	特克斯县种子经销部	王冲等封口
T—M—2	M0314	20070907002	特克斯县种子经销部	王冲等封口
T—M—3	M0314	20070907003	特克斯县种子经销部	王冲等封口

（二）方法

参照 D. 尼尔高所著《种子病理学》（狄原渤等译，1987）和《植病研究方法》（方中达，1998）等有关方法。

1. 种子洗涤检测

种子表面带菌检验采用常规洗涤检测法，向日葵种子洗净后离心镜检。

2. PDA 平板法种子培养检测

将每个品种的种子在 5％ NaClO 溶液中浸泡 5min，用无菌水冲洗 3 遍，将种子的种壳、内种皮、胚乳和芽解剖开，分别将种壳、内种皮、胚乳和芽放置在 1％ NaClO 溶液中浸泡 3min，用无菌水冲洗 3 遍。将同一品种的种壳、内种皮、胚乳和芽均匀摆放在直径为 9cm 的 PDA 平板上，在 25～28℃温箱中 12h 光暗交替条件下培养 5～7d 后检查，记录种子不同部位的带菌情况。

二、结果

（一）瑞特姆

1. 种子洗涤检测

对特克斯县向日葵品种瑞特姆 4 份样品进行种子洗涤检验，结果表明，向日葵种子携带向日葵黑茎病菌的分生孢子。镜检结果：样品 T—R—1 平均 3.3 个分生孢子；T—R—2 平均 1.3 个分生孢子；T—R—3 平均 12.3 个分生孢子；T—R—4 平均 3.7 个分生孢子；一个视野内最多有 26 个分生孢子，最少 0 个。

2. 种子培养检测

（1）种壳培养 培养 85 块种壳，共出现 10 个向日葵黑茎病菌菌落。

T—R—1 培养 27 块种壳，出现 2 个向日葵黑茎病菌菌落；

T—R—2 培养 20 块种壳，出现 1 个向日葵黑茎病菌菌落；

T—R—3 培养 20 块种壳，出现 3 个向日葵黑茎病菌菌落；

T—R—4 培养 18 块种壳，出现 4 个向日葵黑茎病菌菌落。

（2）内种皮培养 培养 78 块内种皮，共出现 1 个向日葵黑茎病菌菌落。

T—R—1 培养 17 块内种皮，出现 1 个向日葵黑茎病菌菌落；

T—R—2 培养 21 块内种皮，出现 0 个向日葵黑茎病菌菌落；

T—R—3 培养 20 块内种皮，出现 0 个向日葵黑茎病菌菌落；

T—R—4 培养 20 块内种皮，出现 0 个向日葵黑茎病菌菌落。

（3）胚乳和芽培养 培养 89 块胚乳和芽，未发现向日葵黑茎病菌菌落。

T—R—1 培养 29 块胚乳和芽，出现 0 个向日葵黑茎病菌菌落；

T—R—2 培养 20 块胚乳和芽，出现 0 个向日葵黑茎病菌菌落；

T—R—3 培养 20 块胚乳和芽，出现 0 个向日葵黑茎病菌菌落；

T—R—4 培养 20 块胚乳和芽，出现 0 个向日葵黑茎病菌菌落。

（二）JN－2519

1. 种子洗涤检测

对特克斯县向日葵品种 JN－2519 2 份样品进行种子洗涤检测，结果发现，种子携带向日葵黑茎病菌的分生孢子。镜检结果中每个视野平均分生孢子数：T—JN—1，1.66 个；T—JN—2，66 个。一个视野内最多有 7 个，最少 0 个。

2. 种子培养检测

（1）种壳培养　培养 45 块种壳，共出现 9 个向日葵黑茎病菌菌落。

T—JN—1 培养 26 块种壳，出现 5 个向日葵黑茎病菌菌落；

T—JN—2 培养 19 块种壳，出现 4 个向日葵黑茎病菌菌落。

（2）内种皮培养　培养 42 块内种皮，共出现 1 个向日葵黑茎病菌菌落。

T—JN—1 培养 25 块内种皮，出现 1 个向日葵黑茎病菌菌落；

T—JN—2 培养 17 块内种皮，出现 0 个向日葵黑茎病菌菌落。

（3）胚乳和芽培养　培养 41 个胚乳和芽，未发现向日葵黑茎病菌菌落。

T—JN—1 培养 21 块胚乳和芽，出现 0 个向日葵黑茎病菌菌落；

T—JN—2 培养 20 块胚乳和芽，出现 0 个向日葵黑茎病菌菌落。

（三）KW303

1. 种子洗涤检测

对特克斯县向日葵品种 KW303 的 3 份样品进行种子洗涤检验，结果表明，向日葵种子携带向日葵黑茎病菌的分生孢子。镜检结果：样品 T—KW—1 平均 7.3 个分生孢子；T—KW—2 平均 4.6 个分生孢子；T—KW—3 平均 18.3 个分生孢子；一个视野内最多有 46 个分生孢子，最少 4 个。

2. 种子培养检测

（1）种壳培养　培养 69 块种壳，共出现 10 个向日葵黑茎病菌菌落。

T—KW—1 培养 29 块种壳，出现 5 个向日葵黑茎病菌菌落；

T—KW—2 培养 20 块种壳，出现 1 个向日葵黑茎病菌菌落；

T—KW—3 培养 20 块种壳，出现 4 个向日葵黑茎病菌菌落。

（2）内种皮培养　培养 58 块内种皮，共出现 4 个向日葵黑茎病菌菌落。

T—KW—1 培养 17 块内种皮，出现 1 个向日葵黑茎病菌菌落；

T—KW—2 培养 21 块内种皮，出现 2 个向日葵黑茎病菌菌落；

T—KW—3 培养 20 块内种皮，出现 1 个向日葵黑茎病菌菌落。

（3）胚乳和芽培养　培养 50 块胚乳和芽，未发现向日葵黑茎病菌菌落。

T—KW—1 培养 20 块胚乳和芽，出现 0 个向日葵黑茎病菌菌落；

T—KW—2 培养 15 块胚乳和芽，出现 0 个向日葵黑茎病菌菌落；

T—KW—3 培养 15 块胚乳和芽，出现 0 个向日葵黑茎病菌菌落。

（四）M0314

1. 种子洗涤检测

对特克斯县向日葵品种 M0314 的 3 份样品进行种子洗涤检验，结果表明，向日葵种子携带向日葵黑茎病菌的分生孢子。镜检结果：样品 T—M—1 平均 9.3 个分生孢子；T—M—2 平均 10.7 个分生孢子；T—M—3 平均 17.1 个分生孢子；一个视野内最多有 51 个分生孢子，最少 9 个。

2. 种子培养检测

（1）种壳培养　培养 67 块种壳，共出现 14 个向日葵黑茎病菌菌落。

T—M—1 培养 27 块种壳，出现 7 个向日葵黑茎病菌菌落；

T—M—2 培养 20 块种壳，出现 4 个向日葵黑茎病菌菌落；

T—M—3 培养 20 块种壳，出现 3 个向日葵黑茎病菌菌落。

（2）内种皮培养　培养 58 块内种皮，共出现 7 个向日葵黑茎病菌菌落。

T—M—1 培养 17 块内种皮，出现 4 个向日葵黑茎病菌菌落；

T—M—2 培养 21 块内种皮，出现 0 个向日葵黑茎病菌菌落；

T—M—3 培养 20 块内种皮，出现 3 个向日葵黑茎病菌菌落。

（3）胚乳和芽培养　培养 61 块胚乳和芽，未发现向日葵黑茎病菌菌落。

T—M—1 培养 21 块胚乳和芽，出现 0 个向日葵黑茎病菌菌落；

T—M—2 培养 20 块胚乳和芽，出现 0 个向日葵黑茎病菌菌落；

T—M—3 培养 20 块胚乳和芽，出现 0 个向日葵黑茎病菌菌落。

（五）种子带菌情况

1. 种子洗涤检测

向日葵种子的洗涤检测结果表明，4 个向日葵品种通过离心镜检，都带有向日葵黑茎病菌的分生孢子。

2. PDA 平板法种子培养检测

向日葵种子的 PDA 平板法种子培养检测结果表明，4 个向日葵品种通过 PDA 种子分离培养，种壳带有向日葵黑茎病菌的分生孢子，较多；内种皮带有向日葵黑茎病菌的分生孢子，较少；胚乳和芽培养不带有向日葵黑茎病菌的分生孢子。

三、结论

种子洗涤检测和 PDA 平板法种子培养检测表明，新疆伊犁河谷特克斯县和新源县 2007 年新发生的外来有害生物向日葵黑茎病种子表面、种壳、内种皮 3 个部位带菌；2007 年前新疆伊犁河谷未发生向日葵黑茎病，结合 2007 年特克斯县和新源县向日葵田间黑茎病调查表明，新疆伊犁河谷向日葵黑茎病的初次侵染来源是种子带菌。

检测表明，新疆伊犁河谷特克斯县和新源县的 4 个向日葵品种种子携带了向日葵黑茎病菌的分生孢子，但应进一步研究向日葵黑茎病菌分生孢子的成活率和致病性。

第二十章　向日葵黑茎病的病害循环与传播媒介

一、越冬方式及初次侵染来源

调查表明，向日葵黑茎病以假囊壳、分生孢子在向日葵茎秆、花盘、叶片、叶柄及种子上越冬。初次侵染来源为向日葵种子上的分生孢子和田间病残体上的假囊壳，假囊壳和分生孢子器释放的子囊、子囊孢子和分生孢子随着风雨传播到向日葵植株的叶柄及茎组织上形成侵染。分生孢子存在于向日葵种子表面、种壳、内种皮3个部位，带菌种子是该病害远距离传播的主要方式。病残体为上一年的向日葵茎秆（图20-1、图20-2）。

图 20-1　收割机收获后的向日葵黑茎病病残体

图 20-2　翌年春天向日葵田的病残体

二、向日葵黑茎病发生的季节变化规律

以新疆伊犁河谷向日葵种植区特克斯县为例，依据 2008—2010 年连续 3 年和 2015 年 3 个不同品种田间系统调查，向日葵黑茎病在 7 月中、下旬（开花期）开始发生；8 月中旬（籽粒充实期）病情指数逐渐上升；9 月初至下旬（籽粒成熟期）为向日葵黑茎病的发病高峰期；10 月上、中旬（收获期）造成植株枯死（图 20-3 至图 20-5）。

复播向日葵上的黑茎病在 8 月上旬开始发生，9 月中、下旬为发病快速增长期，10 月下旬（收获期）病害终止（20-5）。

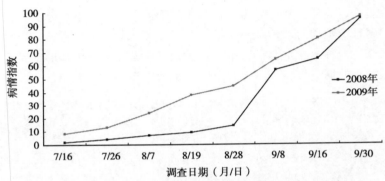

图 20-3　2008—2009 年向日葵黑茎病田间消长规律（特克斯）

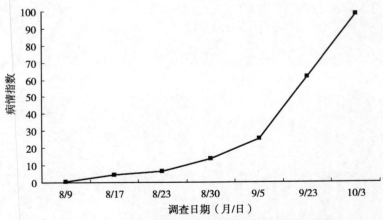

图 20-4　2010 年向日葵黑茎病田间消长规律（特克斯）

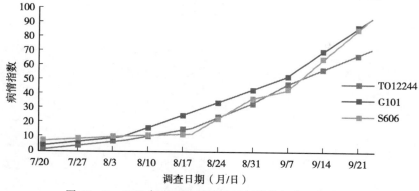

图 20 - 5　2015 年向日葵黑茎病田间消长规律（特克斯）

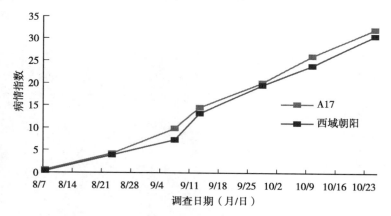

图 20 - 6　2015 年复播向日葵黑茎病田间消长规律（巩留县）

三、传播方式及介体

　　向日葵黑茎病主要通过种子调运作远距离传播；田间病株上形成的分生孢子借助雨水飞溅进行近距离传播，同时大青叶蝉（*Tettigella viridis* L.）和小绿叶蝉 [*Empoasca flavescens* (Fabricius)] 是该病的传播介体。

　　国外向日葵黑茎病传播介体是向日葵茎象甲（*Cylindrocopturus adspersus*），向日葵茎象甲体内与体表可携带向日葵黑茎病菌孢子。在叶片上取食的象甲成虫可引起叶斑，而被病原菌沾染的幼虫通过蛀蚀隧道而使种子带菌。

　　在中国通过调查发现大青叶蝉和小绿叶蝉是该病的传播介体，经田间调查和室内分离证实，大青叶蝉和小绿叶蝉体内与体表可携带向日葵黑茎病菌无性孢子，在叶柄上取食的大青叶蝉和小绿叶蝉的成虫、若虫可引起褐色病斑，而被病原菌污染的成虫和若虫通过在叶柄上刺吸为害而传病。侵入途径为叶柄和幼嫩的茎组织（图 20 - 7 至图 20 - 10）。

图 20 - 7　大青叶蝉取食向日葵叶柄

图 20 - 8　大青叶蝉为害向日葵形成的斑

图 20 - 9　大青叶蝉成虫为害向日葵状

图 20 - 10　大青叶蝉若虫取食为害向日葵

四、野生寄主

2008—2010 年在巩留县、新源县、特克斯县发现，向日葵黑茎病菌野生寄主有 3 种，即苍耳（*Xanthium sibiricum* Patrin. ex Widder.）、刺儿菜 [*Cirsium setosum*（Willd.）MB.（Compositae)]、飞蓬（*Erigeron acer* L.），在向日葵田间地头、渠边苍耳、刺儿菜和飞蓬上症状明显，经室内分离鉴定确认为 *Phoma macdonaldii* Boerma 引起的症状（图 20 - 11 至图 20 - 14）。

图 20-11 苍耳上长椭圆形病斑

图 20-12 苍耳主茎变黑

图 20-13 刺儿菜上的病斑

图 20-14 飞蓬上的黑灰色病斑

五、侵染循环

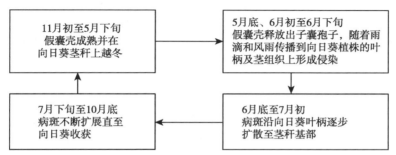

图 20-15 新疆伊犁地区向日葵黑茎病侵染循环示意图

向日葵黑茎病菌的分子检测技术

第二十一章

2007 年向日葵黑茎病菌列入我国检疫性有害生物目录。2008 年我国新疆伊犁地区首次报道该病害的发生，曾对该地区的向日葵产业造成毁灭性为害。刘彬等（2011）利用 10 种限制性内切酶对新疆发生的向日葵黑茎病菌进行了RFLP 分析，明确了新疆分离的向日葵黑茎病菌与向日葵茎点霉黑茎病菌的同源性，确认新疆向日葵黑茎病是由向日葵茎点霉黑茎病菌引起。2010 年天津口岸从阿根廷进境向日葵种子中首次截获向日葵黑茎病菌，并从法国进境向日葵种子中分离到疑似向日葵黑茎病菌的菌株。目前，已建立起了向日葵黑茎病菌的分子生物学检测体系，主要包括普通 PCR、多重 PCR、荧光定量 PCR、基因芯片等，为向日葵黑茎病菌的快速检测提供了方法。

一、普通 PCR

目前 PCR 技术应用最广泛，其快速、准确和灵敏的特点满足了口岸检疫的需要。张娜等（2015）就已报道的向日葵黑茎病菌 3 对检测引物的灵敏度展开比较，并对进境哈萨克斯坦油葵中向日葵黑茎病菌的携带情况进行了检测应用及效果评价，为提高口岸检疫执法能力，防止该病害的传入及扩散，确保向日葵产业的安全提供了技术保障。

（一）材料与方法

1. 材料

供试菌株：向日葵黑茎病菌（*Leptosphaeria lindquistii*）菌株 Y179 为2014 年 3 月从进境哈萨克斯坦油葵中分离获得，经形态学鉴定、致病性测定、真菌通用引物 ITS1/ITS4 扩增测序鉴定为向日葵黑茎病菌。

供试引物：根据刘彬（2011）报道设计引物 LEPB/LEPF（LEPB：5′-GTACCAGCTCACCTCTTTCTGAT－3′；LEPF：5′-GCCAACAATCAAAGCAAGAG－3′）；根据宋娜等（2012）报道设计引物 320FOR/320RVE（320FOR：5′-CCTCTTTCTGATTCTACCCAT－3′；320RVE：5′-AAA-CATACACCCAACACCA-3′）；根据张伟宏等（2013）报道设计引物 LLF/

LLR（LLF：5′- TAGCATTGTTAGCCGAGG - 3′；LLR：5′- CAGCCAG
TCTTCTAGCTTGG - 3′）。以上引物均由大连宝生物有限公司合成。

培养基：PDA 培养基：马铃薯 200 g/L、葡萄糖 20 g/L、琼脂 18 g/L，
用乳酸调 pH 至 4.5，121℃高压灭菌 15 min。

试剂：Plant Genomic DNA Kit 植物基因组 DNA 提取试剂盒（DP305）
由天根生物科技有限公司提供；One Step PCR Kit Ver. 2（R010A）、Agarose
Gel DNA Fragment Recovery Kit Ver. 2.0 均由大连宝生物有限公司提供。

仪器：VERITI 2.0 PCR 扩增仪，美国 AB 公司；AIIegra 25R 高速冷冻
离心机，美国贝克曼公司；HE99 电泳仪，美国 GE 公司；G：BOX EF 凝胶
成像系统，美国基因公司；Climacell 404 培养箱，德国 MMM 公司。

2. DNA 提取

菌株 DNA 提取：将菌株 Y179 在 PDA 平板上 25℃培养 5～7 d，挑取菌
丝烘干，液氮研磨后参照试剂盒（DP305）提取 DNA，用核酸测定仪测定
DNA 浓度。

样品 DNA 提取：进境油葵种子每批取样品 2 kg，将样品倒入洁净白瓷盘
内，挑选干瘪、弱小、畸形的可疑病种子和植株残体作为测试材料，植株残体
包括茎秆、叶柄、花盘等。液氮研磨后参照试剂盒（DP305）提取 DNA。

3. 引物的灵敏度检测 取菌株 Y179 的 DNA，调整 DNA 浓度至 10ng/μL，
系列稀释为 10^{-1} ng/μL、10^{-2} ng/μL、10^{-3} ng/μL、10^{-4} ng/μL、10^{-5} ng/μL、
10^{-6} ng/ng/μL，分别取 2 μL DNA 作为 PCR 反应模板。用 3 对引物 320FOR/
320RVE、LEPB/LEPF 和 LLF/LLR 分别对以上 DNA 进行 PCR 扩增。PCR
反应体系参照宝生物有限公司提供的 One Step PCR Kit Ver. 2 试剂盒配置。
反应体系为 25 μL：2.5 μL 10×PCR Buffer、2 μL dNTP（dATP、dGTP 、
dTTP、dCTP 各 250 μmol/L）、1.5 μL 25mmol/L MgCl$_2$、10μmol/L 上下游
引物各 1.0 μL、2 μL 模板 DNA、1 U Taq 聚合酶，加无菌水补至 25 μL。
PCR 反应程序：98℃/2min；98℃/10s，退火 30 s（退火温度引物 LEPB/
LEPF 为 65℃；引物 320FOR/320RVE 为 55℃；引物 LLF/LLR 为 58℃），
72℃/1min，共 35 次循环；72℃延伸 7 min。PCR 扩增产物在 1.5 ％琼脂糖
1×TAE 缓冲系统中电泳，每孔加样 6 μL，用凝胶成像系统观察并摄影
记录。

4. 样品中黑茎病菌的检测 取 120 批进境油葵种子，按上述"2. DNA 提
取"中的办法提取样品 DNA，用 3 对引物分别 PCR 检测，反应体系、程序、
电泳及凝胶成像分析同上述"3. 引物的灵敏度检测"，计算每对引物检出的阳
性样品数与样品总数的比例即为阳性检出率。

5. 产物序列分析 选取 PCR 检测为阳性的部分油葵种子样品 PCR 产物，

纯化后送至上海生工生物工程技术服务有限公司进行双向测序，所得序列与GenBank 中相关序列分别进行比对分析。

（二）结果与分析

1. 引物灵敏度检测结果 引物 320FOR/320RVE 可检测到 10^{-5} ng/μL 的菌株 Y179 模板 DNA（图 21-1-A），检测灵敏度最高；引物 LEPB/LEPF 可检测到 10^{-4} ng/μL 的模板 DNA（图 21-1-B），次之；引物 LLF/LLR 可检测到 10^{-3} ng/μL（图 21-1-C），检测灵敏度相对较差。

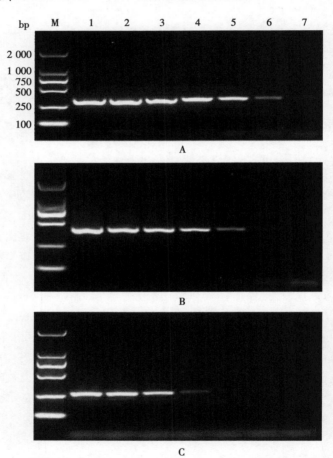

图 21-1 引物 320FOR/320RVE（A）、LEPB/LEPF（B）、LLF/LLR（C）检测灵敏度的比较

M. marker DL 2000 1~7. 模板浓度分别为 10ng/μL、10^{-1}ng/μL、10^{-2}ng/μL、10^{-3}ng/μL、10^{-4}ng/μL、10^{-5}ng/μL、10^{-6}ng/μL

2. 样品中黑茎病菌检测结果 120 批进境油葵样品 DNA 分别用引物 LEPB/LEPF、320FOR/320RVE 和 LLF/LLR 进行 PCR 检测，3 对引物分别检出 78 个、60 个和 54 个阳性样品。其中引物 320FOR/320RVE 的阳性检出率最高，为 65%，且检出的 78 批阳性样品全部涵盖引物 LEPB/LEPF 和 LLF/LLR 所检出的阳性样品；引物 LEPB/LEPF 检出的 60 批阳性样品全部涵盖引物 LLF/LLR 所检出的阳性样品。

3. 产物序列分析结果 选取 PCR 检测为阳性的 12 个油葵样品，扩增产物纯化后进行双向测序，所得序列与 GenBank 中向日葵黑茎病菌（*L. lindquistii*）的相关序列进行比对分析，引物 320FOR/320RVE 和 LEPB/LEPF 的扩增产物序列与 GenBank 中 *L. lindquistii* 序列相似度一致，与登录号为 JQ 979488 的序列相似性为 100%。引物 LLF/LLR 产物序列与 GenBank 中 *L. lindquistii* 登录号为 AY 748979 的序列相似性最高为 98%。序列分析结果表明，进境油葵中存在向日葵黑茎病菌 DNA。

（三）小结

为满足口岸快速通关的需求，利用 PCR 方法对样品中携带的病原菌进行初筛检测已成主要手段。实时荧光 PCR、巢式 PCR、常规 PCR 以及 LAMP 方法在植物病原菌的检测应用方面已经很普遍，每种方法都有自身的优势和限制。实时荧光 PCR 灵敏度最高，可用于病原菌早期诊断及监测，但所需硬件平台较昂贵，基层检测机构不易普及。利用巢式 PCR 检测灵敏度比常规 PCR 可提高 1 000 倍，但操作过程中易造成污染。LAMP 技术检测速度快、周期短、操作简便、灵敏度高又无需特殊仪器，但在引物设计开发方面要求较高。相对而言，目前常规 PCR 检测技术更易操作和普及，这一研究比较了已报道的 3 对向日葵黑茎病菌检测引物的灵敏度，并从 120 批哈萨克斯坦进境油葵种子样品中提取 DNA，进行向日葵黑茎病菌实际检测应用并试验了多种市售 DNA 快速提取试剂盒，不同试剂盒所提 DNA 阳性检出率也不同，可能与不同试剂盒对样品材料要求不同有关，最终选择了由天根生物科技有限公司提供的植物基因组 DNA 提取试剂盒（DP305）。进口哈萨克斯坦油葵种子含油率高达 40%，试验中对所提样品 DNA 是否存在 PCR 干扰物进行了检测。实验结果表明，按照研究提供的 DNA 提取方法，所提 DNA 样品对 PCR 扩增并未产生干扰。根据 Actin 基因区域特异位点设计的引物 LLF/LLR 对 120 批进境油葵种子样品的阳性检出率为 45%，检出阳性样品 54 批；ITS 基因区域特异位点设计的引物 LEPB/LEPF 和 320FOR/320RVE 检出率分别为 65% 和 50%，120 批样品中检出阳性样品分别为 78 批和 60 批。3 对引物的阳性检出率高低与检测灵敏度一致。引物 LLF/LLR 对进境油葵种子样品的阳性检出率最低，可能原因是病原菌中 Actin 基因总量比 ITS 低，或引物自身与模板结合率的问题。张伟宏等（2013）报道 Actin 基因能够提供足够丰富的差异位点，所设计的引物 LLF/LLR 能够区分向日葵黑茎病菌和向日葵茎溃疡病菌，而 ITS 序列之间相似性非常高，不能设计区分两种病原菌的特异引物。研究中由引物 320FOR/320RVE 检测为阳性的 PCR 产物经测序均与向日葵黑茎病菌（*Leptosphaeria lindquistii*）同源性最高，所以为尽量避免样品假阴性的出现，应选择灵敏度较高的引物 320FOR/320RVE。

向日葵黑茎病菌主要依靠种子及病残体上的菌丝、子囊孢子和分生孢子越冬并远距离传播，国内有报道向日葵种子表面、种壳和内种皮及样品中植株残体中均可带菌，试验从植株残体和种壳中均分离出向日葵黑茎病菌，但大部分 PCR 阳性样品并未能成功分离到病原菌，因此 PCR 检测可以证实进境哈萨克斯坦油葵种子样品上存在向日葵黑茎病菌 DNA，但是不能判定样品中的向日葵黑茎病菌是否具有活性。所以，受侵种子在储藏一定时间后，种子中的菌丝体是否会丧失生活力，在整个油葵种子运输和储藏过程中只残存菌体 DNA 而不具侵染能力的可能性还有待进一步研究。

二、多重 PCR

（一）材料与方法

1. 材料　9 个供试菌株见表 21-1。

表 21-1　供试材料

序号	编号	病原菌（拉丁学名）	来源
1	Y179	向日葵黑茎病菌（*Leptosphaeria lindquistii*）	伊犁检验检疫局
2	BX001	向日葵白锈病菌（*Albugo tragopogonis*）	伊犁检验检疫局
3	TX41	向日葵黑白轮枝菌（*Verticillium albo -atrum*）	上海检验检疫局
4	GJ118	向日葵大丽轮枝菌（*Vertieillium dahliae*）	伊犁检验检疫局
5	ATCC62680	向日葵茎溃疡病菌（*Diaporthe helianthi*）	美国菌种保藏中心
6	Y1306	向日葵霜霉病菌（*Plasmopara halstedii*）	伊犁检验检疫局
7	NL-7	向日葵菌核病菌（*Sclerotinia Sclerotiorum*）	伊犁检验检疫局
8	H615	向日葵褐斑病菌（*Septoria helianthi*）	伊犁检验检疫局
9	YX0812	向日葵锈病菌（*Puccina helianthi*）	新疆检验检疫局

2. 真菌培养及基因组 DNA 的提取　参照《植病研究方法》（方中达，1998）中植物病原真菌分离方法，从向日葵病株上分离表 21-1 中的病原菌，

并经形态鉴定和 ITS 序列测定为目的病菌。对不能纯培养的菌株（向日葵白锈病菌、向日葵锈病菌、向日葵霜霉病菌）可直接采集感病植株液氮充分研磨后，采用试剂盒法（植物基因组 DNA 提取试剂盒，天根生物科技有限公司）提取 DNA。可以培养的菌株经 5～7d 纯培养后，挑取菌丝冷冻干燥后用液氮充分研磨，参照试剂盒提取 DNA。

3. 引物设计　针对向日葵白锈病菌大亚基核糖体 RNA 基因序列，向日葵黑茎病菌的 ITS-5.8S rRNA 基因序列，设计检测向日葵白锈病菌和向日葵黑茎病菌的多重 DPO-PCR 检测引物组（表 21-2）。引物由上海生工生物技术有限公司合成。

表 21-2　引物序列

病原菌	引物序列	产物大小 (bp)	GenBank ID
向日葵 上游：CGAATTGTAGTCTATCGAGGCCAAGIIIIIACGCAGGATCC 白锈病菌 下游：GGAATGGACAGCGGGACGCIIIIIGCTTCCCT		307	HQ 622624.1
向日葵 上游：GATGCCGGTACTCTGGGTCTTTIIIIICATGTACC 黑茎病菌 下游：ATTGTTTTGAGGCGAGTTTCCCIIIIIGGAAACAT		388	JQ 979488.1

4. 多重 DPO-PCR 反应　根据多重 PCR 反应试剂盒（Multiplex PCR Assay Kit，TaKaRa）说明书，反应体系为：包括 Mix 2 溶液 25 μL、Mix 1 溶液 0.25 μL、各引物终浓度均为 0.4 μmol/L、DNA 模板 1.0 μL，补水至 50μL。反应条件为 94℃/1min；94℃/30s，60℃/90s，72℃/90s，35 个循环；72℃/10min。PCR 扩增产物在 2.0％琼脂糖电泳并用凝胶成像系统中观察并拍照。

5. 多重 DPO-PCR 退火温度敏感性试验　按照"4. 多重 DPO-PCR 反应"体系，将多重 DPO-PCR 退火温度范围设定为 45～65℃，5℃为 1 个梯度，进行退火温度敏感性试验，经 2.0％琼脂糖凝胶电泳观察结果。

6. 多重 DPO-PCR 体系的特异性评价　按照"4. 多重 DPO-PCR 反应"体系，对 9 个供试菌株的 DNA 进行检测，同时用健康向日葵植株 DNA 做阴性对照，对所建立的多重 DPO-PCR 反应体系的特异性进行评价。

7. 多重 DPO-PCR 体系的灵敏度评价　直接采集向日葵白锈病菌的感病叶片，挑取纯培养的向日葵黑茎病菌，分别按照"2."方法提取基因组 DNA。用生物学分光光度计（ND-1 000，NanoDrop）标定浓度为 50 ng/μL，再按 10 倍梯度稀释为 5 ng/μL、0.5 ng/μL、0.05 ng/μL 和 0.005 ng/μL 的模板浓度进行灵敏度实验。

（二）结果

1. 多重 DPO - PCR 检测方法建立　调整了多重 DPO - PCR 体系中引物浓度，确定引物终浓度均为 0.2 μmol/L，建立了向日葵白锈病和向日葵黑茎病的多重 DPO - PCR 检测方法，结果如图 21 - 2 所示，多重 DPO - PCR 检测结果与单一 PCR 检测结果一致，琼脂糖凝胶电泳检测在 307bp 和 388bp 处有特异性条带。

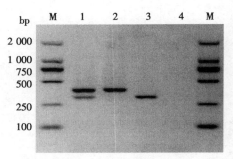

图 21 - 2　多重 DPO - PCR 与单一 PCR 的结果

M. Marker DL 2000　1. 向日葵黑茎病菌、向日葵白锈病菌　2. 向日葵黑茎病菌
3. 向日葵白锈病菌　4. 阴性对照

2. 多重 DPO - PCR 退火温度敏感性试验　由图 21 - 3 可知，当退火温度设定为 45℃、50℃、55℃、60℃、65℃时，利用多重 DPO - PCR 检测体系均能高效扩增出目的基因，不同退火温度点对扩增结果影响不明显，表明所建立的多重 DPO - PCR 检测方法对退火温度不敏感。

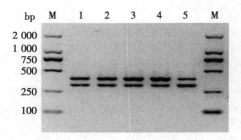

图 21 - 3　多重 DPO - PCR 退火温度敏感性实验

M. Marker DL 2000　1～5. 退火温度依次为 45℃、50℃、55℃、60℃、65℃

3. 多重 DPO - PCR 体系的特异性评价　多重 DPO - PCR 检测方法对 9 种供试菌株 DNA 检测结果见图 21 - 4。结果显示，向日葵黑白轮枝菌、向日葵大丽轮枝菌、苜蓿黄萎病菌、棉花黄萎病菌均出现与预期大小一致的特异性条带 151 bp 和 225 bp，而向日葵上其他 6 种非目标菌及阴性对照均未出现目的

条带，证明该方法具有较强的特异性。

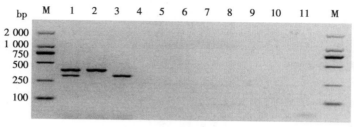

图 21 - 4　特异性实验

M. Marker DL 2000　1. 向日葵黑茎病菌、向日葵白锈病菌　2. 向日葵黑茎病菌　3. 向日葵白锈病菌　4. 向日葵黑白轮枝菌　5. 向日葵大丽轮枝菌　6. 向日葵茎溃疡病菌　7. 向日葵霜霉病菌　8. 向日葵菌核病菌　9. 向日葵褐斑病菌　10. 向日葵锈病菌　11. 阴性对照

4. 多重 DPO - PCR 体系的灵敏度评价　灵敏度评价实验结果见图 21 - 5，DNA 模板含量在 50 ng、5 ng、0.5 ng 和 0.05 ng 时均可扩增出 2 条目的条带，且呈依次减弱，当模板量降到 0.005 ng 以下时未能扩增到目的条带。

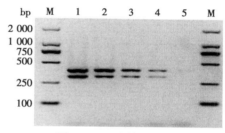

图 21 - 5　灵敏度实验

M. Marker DL 2000　1~5. 2 种病原菌 DNA 模板量依次为 50ng、5ng、0.5ng、0.05ng 和 0.005ng

（三）小结

以 PCR 法为基础的检测技术在植物病原菌检测中已广泛应用，多重 PCR 作为最基本的高通量核酸扩增技术一直是大规模核酸样品检测分析的首选技术。然而传统多重 PCR 的引物设计困难，需要保证所有引物扩增效率一致，并且引物之间不能形成二聚体及发卡结构，实验中要优化引物的各项参数与反应条件，尤其是退火温度，设计流程较繁琐，工作量大。DPO 引物设计则相对简单，由于其特殊结构，引物之间难以形成二聚体和发卡结构，大大简化了多重 PCR 引物的设计。

传统多重 PCR 技术对退火温度要求很高，而不同实验室之间会因为仪器设备的不同导致退火温度微弱的变化，从而对多重 PCR 结果造成影响，这导致了传统多重 PCR 适用性不强。张娜等（2015）研究设计了 5 个梯度的退火温度，验证其对多重 DPO－PCR 检测结果的影响，结果证明 DPO－PCR 对退火温度不敏感，有效避免了普通多重 PCR 易受退火温度的影响，大大增强了该技术在不同实验室的可推广性。

DPO 引物还具备高特异性，理论上 3′端或 5′端任何一端超过 3 个碱基的差异即不能扩增，DPO 引物的这一特点已被应用于 SNP 检测。张伟宏等（2013）研究发现，向日葵黑茎病菌和向日葵茎溃疡病菌的 ITS 基因相似性很高，不能设计区分两种病菌的特异性引物。张娜等（2015）研究利用了 DPO 引物高特异性这一特点，在向日葵黑茎病菌的 ITS－5.8S rRNA 基因序列设计特异性引物，成功区分了向日葵黑茎病菌和向日葵茎溃疡病菌。该研究建立的两种检疫性真菌病害向日葵白锈病菌和向日葵黑茎病菌的多重 DPO－PCR 检测方法，具有特异性强、灵敏度高、适用范围广的优点，可应用于进出口向日葵种子、种苗等针对这两种检疫性真菌病害的鉴定，具有较高的实际应用价值。

三、荧光定量 PCR

荧光定量 PCR 技术于 1996 年由美国 Applied Biosystems 公司推出，其关键在于荧光探针的使用及其相应的荧光信号检测装置。荧光定量 PCR 所用荧光探针主要有 3 种：分子信标探针、杂交探针和 TaqMan 荧光探针，其中 TaqMan 荧光探针使用最为广泛。TaqMan 技术是在普通 PCR 原有的一对特异性引物基础上，增加了一条特异性的荧光双标记探针，从而使荧光信号的累积与 PCR 产物形成完全同步。荧光定量 PCR 法克服了以往检测植物病原物的各种分子生物学方法需要进行 PCR 后处理的弊端，整个检测过程完全闭管，消除了 PCR 产物的污染，减少了检测步骤，大大节省了检测所需时间，具有广阔的应用前景。

（一）材料与方法

1. 病害样品及病菌材料　2009—2010 年，在新疆特克斯县等向日葵种植地采集具有典型黑茎病症状的向日葵茎秆，并收集当地种植的向日葵种子。

实验中所用菌株的分类归属、寄主和来源等情况见表 21－3。表中 1 号菌株由新疆出入境检验检疫局动植检实验室从甜菜蛇眼病病叶中分离得到；2～4 号菌株来源于新疆农业大学；5 号菌株为连云港检验检疫局提供的油菜茎溃疡病阿根廷菌株；6～7 号菌株为天津检验检疫局技术中心提供的向日葵黑茎病菌阿根廷菌株；8 号菌株为新疆出入境检验检疫局动植检实验室分离鉴定的向日葵黑茎病菌阳性菌株；9～16 号由新疆出入境检验检疫局技术中心保存，从向日葵黑茎病病株上分离到的茎点霉菌株。

表 21-3　供试菌株的病原名称、寄主和来源地

序号	菌株编号	拉丁学名	寄主	来源地
1	TC2-1	*Phoma betae*	甜菜	新疆检验检疫局
2	PhⅠ	*Phoma mdicaginis*	杏树	新疆农业大学林学院
3	PhⅡ	*Phoma glomeiata*	杏树	新疆农业大学林学院
4	MXTD	*Phoma mdicaginis*	苜蓿	新疆农业大学农学院
5	A7	*Leptosphaeria maculans*	油菜	连云港检验检疫局
6	a5	*Phoma macdonaldii* Boerma	向日葵	天津检验检疫局
7	Cf6	*Phoma macdonaldii* Boerma	向日葵	天津检验检疫局
8	Tks09212	*Phoma macdonaldii* Taberosi	向日葵	新疆检验检疫局
9	HJ09222	*Phoma macdonaldii* Boerma	向日葵	新疆检验检疫局
10	HJ09122	*Phoma macdonaldii* Boerma	向日葵	新疆检验检疫局
11	XY10-1	*Phoma macdonaldii* Boerma	向日葵	新疆检验检疫局
12	XY10-2	*Phoma macdonaldii* Boerma	向日葵	新疆检验检疫局
13	XY10-3	*Phoma macdonaldii* Boerma	向日葵	新疆检验检疫局
14	Tks09112	*Phoma macdonaldii* Boerma	向日葵	新疆检验检疫局
15	Tks09214	*Phoma macdonaldii* Boerma	向日葵	新疆检验检疫局
16	Tks09713	*Phoma macdonaldii* Boerma	向日葵	新疆检验检疫局

2. DNA 的提取　将供试病原菌接种到液体 PDA 培养基上，28℃培养 3d。然后利用试剂盒 [Takara Universal Genomic DNA Extraction Kit Ver 3.0 (Takara Code：DV811A)] 提取病原菌基因组 DNA。

供试材料的种子和茎秆利用试剂盒 [DNA Extraction Kit for GMO Detection Ver. 2.2 (Code：D9093)] 提取基因组 DNA。

3. 引物的设计　从 GenBank 下载所有向日葵黑茎病菌的 ITS（包括 ITS1、ITS2 和 5.8S）序列，并进行比对分析，设计向日葵黑茎病菌的专化性引物与 TaqMan 探针。引物序列如下：

上游引物 LEP1：5′- TCACCTCTTTCTGATTCTACCC -3′

下游引物 LEP2：5′- CATTGTTACTGACGCTGACTG -3′

向日葵黑茎病菌特异性 Taqman 探针序列如下：PMB：5′- FAM - TT-GCGTACTACTTGGTTTCCTCGGCG - TAMRA -3′

其 5′端以 FAM 作荧光标记，3′端以 TAMRA 作标记。

4. 荧光定量 PCR 程序　采用 25μL 反应体系：10×Buffer 2.5μL，2mmol/L

Mg^{2+}，50μmol/L dNTP，1U TaqMan 聚合酶，上下游引物各 400 nmol/L，200 nmol/L TaqMan 探针，1ng 模板 DNA，最终用灭菌水补足至 25μL。

反应程序为：95℃/3min；95℃/15s；54℃/25s，40 个循环。

5. 荧光定量 PCR 反应体系参数优化 使用向日葵黑茎病菌的 TKS09212 样品 DNA 进行体系参数优化。荧光定量 PCR 进行两步反应，对复性—延伸温度进行了优化，分别进行了 54～64℃ 12 个不同温度的测试；Mg^{2+} 浓度从 0.5mmol/L 到 5mmol/L 共 10 个均匀递增的浓度梯度；dNTP 浓度从 40μmol/L 到 320μmmol/L 共 8 个均匀递增的浓度梯度；引物浓度从 40nmol/L 到 320nmol/L 共 8 个均匀递增梯度，TaqMan 探针浓度从 20nmol/L 到 200nmol/L 共 10 个均匀递增梯度。

6. 重复性实验 将提取的向日葵黑茎病菌核酸重复 3 次按优化的体系实验，通过 ΔRn 与循环数关系的曲线图检测实验重复性。

7. 特异性测试 在最佳 PCR 反应条件下，使用茎点霉菌株开展引物和探针的特异性测定。

8. 灵敏度测试 为了测试最低 DNA 检测域值，使用向日葵黑茎病菌的 TKS09212 样品从 10^3pg 到 1fg 进行 10 倍梯度稀释，直至荧光 PCR 反应检不出目标 DNA 为止。

9. 荧光定量 PCR 检测方法的应用 设计了对向日葵黑茎病菌菌株、向日葵进口种子和新疆伊犁向日葵种子进行检测的试验。

（二）结果

1. 荧光定量 PCR 条件优化 确定能得到最大的 ΔRn 值时的镁离子浓度、dNTP 浓度、引物和探针浓度，以使用最小循环阈（Ct）和最大 ΔRn 值来作优化。研究结果表明，在荧光 PCR 反应体系中，最佳反应条件为：复性—延伸温度为 54℃；Mg^{2+} 浓度为 3.5mmol/L，dNTP 浓度为 120mmol/L，特异性引物浓度均为 200nmol/L，探针浓度为 200nmol/L（图 21－6 至图 21－10）。

2. 重复性实验 实验的 3 个重复性结果显示，3 个重复试验的 Ct 值基本为同一值，均在 25.46 左右，各重复之间的误差不到 1 个循环，可见研究建立的荧光定量 PCR 体系重复性较好，从而保证了不同样品间检测结果的可靠性和稳定性（图 21－11）。

3. 引物和 TaqMan 探针特异性 用 TaqMan 探针对表 22－3 中所列的 16 个供试菌株进行的荧光 PCR 检测结果表明，来自向日葵的 11 个菌株都检测到荧光，Ct 值均小于 30，而其他茎点霉均不产生荧光，因此特异性引物和探针能有效地将向日葵黑茎病菌与其他茎点霉区分开来，说明上述引物和 TaqMan 探针的专化性强（图 21－12）。

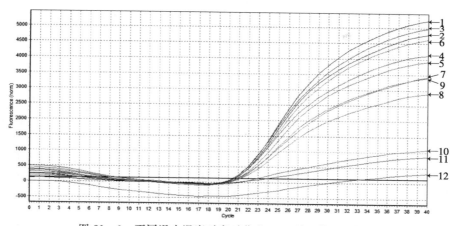

图 21-6　不同退火温度对实时荧光 PCR 检测体系的影响

1. 54.2℃　2. 54.4℃　3. 55.1℃　4. 56.0℃　5. 57.2℃　6. 58.6℃　7. 60.0℃

8. 61.3℃　9. 62.5℃　10. 63.4℃　11. 64.0℃　12. 64.1℃

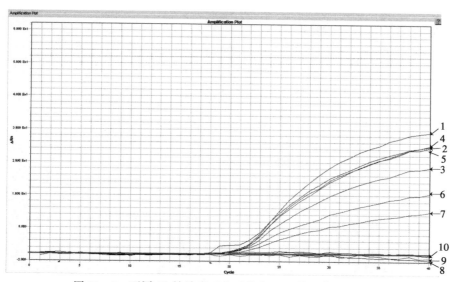

图 21-7　不同 Mg^{2+} 浓度对实时荧光 PCR 检测体系的影响

1. 5mmol/L　2. 4.5mmol/L　3. 4.0mmol/L　4. 3.5mmol/L　5. 3.0mmol/L　6. 2.5mmol/L

7. 2.0mmol/L　8. 1.5mmol/L　9. 0.5mmol/L　10. 0mmol/L

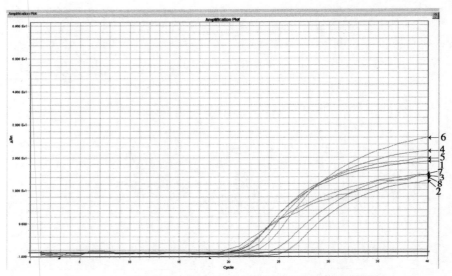

图 21-8　不同 dNTP 浓度对实时荧光 PCR 检测体系的影响

1. 320μmol/L　2. 280μmol/L　3. 240μmol/L　4. 200μmol/L　5. 160μmol/L

6. 120μmol/L　7. 80μmol/L　8. 40μmol/L

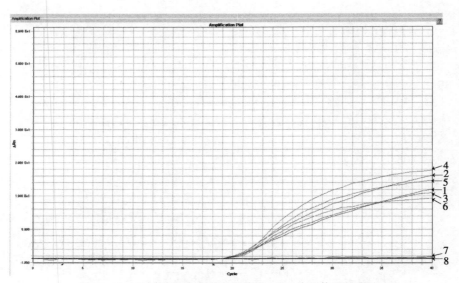

图 21-9　不同引物浓度对实时荧光 PCR 检测体系的影响

1. 320nmol/L　2. 280nmol/L　3. 240nmol/L　4. 200nmol/L　5. 160nmol/L

6. 120 nmol/L　7. 80nmol/L　8. 40nmol/L

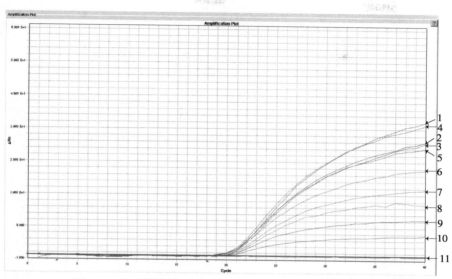

图 21-10　不同探针浓度对实时荧光 PCR 检测体系的影响

1. 200nmol/L　2. 180nmol/L　3. 160nmol/L　4. 140nmol/L　5. 120nmol/L　6. 100nmol/L

7. 80nmol/L　8. 60nmol/L　9. 40nmol/L　10. 20nmol/L　11. 0nmol/L

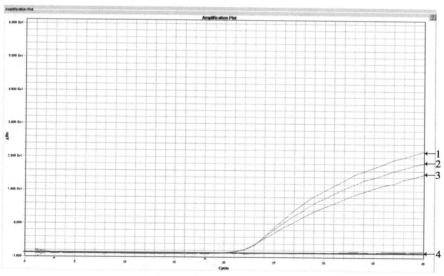

图 21-11　相同模板对实时荧光 PCR 检测体系重复性的影响

1、2、3. 向日葵黑茎病菌　4. 空白

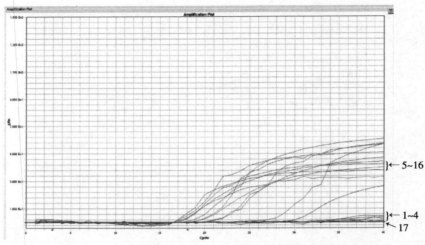

图 21-12　不同样品和菌株对实时荧光 PCR 检测体系特异性的影响

1~4. 其他茎点霉　5~16. 向日葵黑茎病菌　17. 空白

4. 检测灵敏度　将向日葵黑茎病菌 TKS09212 的 DNA 在核酸蛋白仪 ND1000 上测其 DNA 的含量，然后进行 5 倍梯度稀释，按照优化后的体系进行荧光 PCR 测量，结果表明病菌 DNA 浓度越大 Ct 值越小，当核酸浓度低于 200fg 时仍然可以检测到荧光信号，说明能够检测的最低 DNA 浓度低于为 200fg。

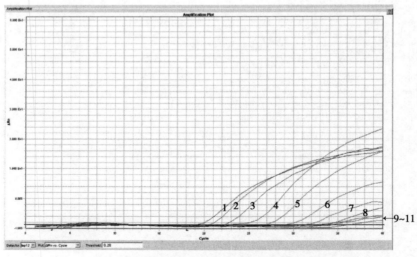

图 21-13　不同质粒浓度对实时荧光 PCR 检测体系的影响

1~11. 质粒浓度依次为 $2 \times 10^5 \, \text{pg/}\mu\text{L}$、$2 \times 10^4 \, \text{pg/}\mu\text{L}$、$2 \times 10^3 \, \text{pg/}\mu\text{L}$、$2 \times 10^2 \, \text{pg/}\mu\text{L}$、
$2 \times 10^1 \, \text{pg/}\mu\text{L}$、$2\text{pg/}\mu\text{L}$、$2 \times 10^2 \, \text{fg/}\mu\text{L}$、$2 \times 10^1 \, \text{fg/}\mu\text{L}$、$2\text{fg/}\mu\text{L}$、$2 \times 10^{-1} \, \text{fg/}\mu\text{L}$、$0\text{fg/}\mu\text{L}$

5. 实际样品检测　使用特异性引物和探针对向日葵黑茎病菌、新疆伊犁州向日葵种子核酸与 4 个向日葵进口种子进行检测，向日葵黑茎病菌均检测到荧光信号，在新疆伊犁州向日葵油葵 2409 中检测到向日葵黑茎病菌，而其他向日葵种子中没有检测到向日葵黑茎病菌（图 21-14）。

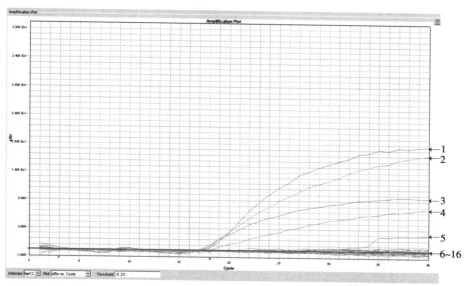

图 21-14　不同样品对实时荧光 PCR 检测体系特异性的影响

1. 向日葵黑茎病菌（TKS09212）　2. 向日葵黑茎病菌（a5）　3. 向日葵黑茎病菌（cf6）
4. 向日葵黑茎病菌（TKS09212）　5. 油葵 2409　6～10. 其他茎点霉　11～15. 向日葵种子　16. 空白

（三）小结

向日葵黑茎病菌荧光定量 PCR 检测技术试验中针对向日葵黑茎病菌的 ITS 序列设计检测引物和探针。成功地设计出了针对向日葵黑茎病菌具有稳定点突变的特异性引物对 LEP1、LEP2 和 TaqMan 探针 PMB；通过优化 $25\mu L$ 反应体系中 Mg^{2+}、dNTP、引物和探针最佳浓度，建立了荧光定量 PCR 检测方法。$25\mu L$ 体系中，$10 \times$ Buffer $2.5\mu L$，$25mmol/\mu L$ Mg^{2+} $3.5\mu L$、$2.5mmol/\mu L$ dNTP $1.2\mu L$、$5\mu mol/\mu L$ 引物各 $1.5\mu L$ 和 $2\mu mol/\mu L$ 探针 $2.5\mu L$；利用该方法对 16 株供试菌株（表 21-3）进行了荧光定量 PCR 检测，结果表明该组引物探针能检测出向日葵黑茎病菌，而对照菌株和空白均未检测到荧光信号增强，表明该对引物和探针对向日葵黑茎病菌具有很高的特异性；该对引物和探针的检测灵敏度能够达到 200fg，具有较高的检测灵敏度；3 个重复试验的 Ct 值基本为同一值，均在 20.5 左右，各重复之间的误差不到 1 个循环，可见这一研究建立的荧光定量 PCR 体系重复性较好，从而保证了不同样品间检测结果的可靠性和稳定性。应用研究建立的 TaqMan 探针荧光定量 PCR 方法对 2010 年新疆伊犁州 3 份向日葵种子进行了检测，只有油葵 2409 中检测到向日葵黑茎病菌，其他两份没有检测到荧光信号；对 2010 年新疆出入境检验检疫局和阿拉山口出入境检验检疫局收到的向日葵种子样品进行检测，未检测出阳性样品，此结果与常规分离对上述样品检测的结果一致。

四、基因芯片技术

（一）材料与方法

1. 材料　向日葵黑茎病病株及种子，同时采集健康向日葵叶片进行对照。

2. DNA 的提取　向日葵黑茎病病原菌基因组 DNA、带病种子基因组 DNA（用整个种子提取）、近似种病原菌基因组 DNA 均由大连宝生物工程有限公司"Takara MiniBEST Universal Genomic DNA Exitraction Kit Ver. 4.0"试剂盒提取，具体步骤见说明书。

3. Padlock 探针的设计　在 NCBI GenBank 中下载向日葵黑茎病病原菌及其近似种病原菌 ITS 区间基因序列，利用 Bioedit 软件进行比对分析，在病原菌核酸序列特异位点设计 Padlock 探针，并将设计的 Padlock 探针返回 NCBI GenBank 中进行特异性比对，最终确定其特异探针。

4. Padlock 探针连接体系与外切酶处理　采用外切酶消化待连接的 DNA 模板，连接采用 10 μL 的体系：5.8 μL 灭菌去离子水，1 μL Tap DNA 连接 Buffer，1 μL 鲑鱼精 DNA（20 ng/μL），0.2 μL Taq DNA 连接酶（20U/μL），1 μL Padlock（100pmol/μL）探针，1 μL 模板 DNA（20 ng/μL）。连接的反应程序为：95℃预变性 5 min，然后进入循环，95℃ 变性 30 S，65℃ 连接 5 min，共 20 个循环；然后 95℃ 灭活 15 min。

采用外切酶切除自连和错连的 Padlock 探针：在 10 μL 的 Padlock 探针连接体系中，加入 1 μL 2U/μL 核酸外切酶Ⅰ和 1 μL 2U/μL 核酸外切酶Ⅲ，37℃反应 2 h，95℃灭活 3 h。

5. Padlock 探针的扩增程序　采用引物 P1 和 P2 对外切酶切除后的产物进行 PCR 扩增，PCR 反应混合液总体积为 25 μL，各成分体积浓度分别为：2.5μL 1×PCR Buffer，2 μL dNTP（其中 10 mmol/L dATP、dGTP、dTTP 各 0.5μL，10 mmol/L dCTP 0.25 μL，0.25 mmol/L Cy3 - dCTP 0.25 μL），引物 P1、P2（500 nmol/L）各 1.25μL，2μL Mg^{2+}（2 nmol/L），0.25μL Taq 聚合酶，12.75 μL 灭菌去离子水，3 μL 酶切后的连接产物做模板，在 PCR 仪上进行扩增反应。反应程序为：95℃预变性 5 min；95℃变性 30 s，60℃退火 30 s，72℃延伸 30 s，共 40 个循环；最后 72℃延伸 10 min。反应结束后取

6μL 扩增产物于 2％琼脂糖凝胶中 100V 电泳 40 min，在凝胶成像系统上观察并拍照。

6. Padlock 探针特异性验证 利用设计的探针，对所有供试菌株的基因组 DNA 进行 PCR 扩增，以向日葵健康叶片的基因组 DNA 为对照，扩增产物用 2％的琼脂糖凝胶进行电泳检测，根据电泳结果确定 Padlock 探针的特异性。

7. Padlock 探针灵敏性验证 将向日葵黑茎病菌基因组 DNA 浓度分别稀释为 10ng/μL、1ng/μL、100pg/μL、10pg/μL、1pg/μL，检测 Padlock 探针的灵敏度，PCR 反应体系同上。

8. 基因芯片检测

（1）基因芯片制备：利用基因芯片点样仪将 cZipCode 探针（终浓度为 30μmol/L）点至醛基化基片上，每点重复 4 次，37℃湿盒中固定 12 h，固定后 0.2％ SDS 洗液清洗 10 min，0.2％ NaBH₄（1×PBS 与 25％乙醇混合液配制的 0.2％NaBH₄ 溶液）封闭液中封闭 5 min，再用去离子水清洗 2 min，重复 3 次，然后将芯片放入芯片甩干室中离心干燥 30 s，取出粘贴围栏加盖片。

芯片上除点制与向日葵黑茎病菌 Padlock 探针 CzipCode 互补序列外，还点制了一系列质控对照，以便对整个芯片检测过程进行监控。表面化学对照（DW）：3′端有 Cy3 修饰的探针，用来监控基片与探针的结合；阴性对照（NC）：与黑茎病菌属 ITS DNA 序列无同源性的 33 nt 核苷酸序列；阳性杂交对照（PC）：合成 2 条 50 nt 寡核苷酸序列，一条是与基片结合的杂交对照探针，另一条寡核苷酸序列与杂交对照探针序列互补，且 5′端用 Cy3 标记；空白对照（CK）：点样缓冲液见表 21-4）。所有探针 5′端以氨基修饰，氨基与探针之间以间隔臂 10 个 Poly（dT）相连，其中阳性对照探针 5′端用 Cy3 修饰，空白对照为点样液。

表 21-4 探针序列表

探针名称	探针序列（5′-3′）	检测用途
cZipCode1	gcggcatacgttcgtcaaat	其他病菌
cZipCode2	tagatcagttggactcgatg	向日葵黑茎病菌
cZipCode3	atagcaccggaataaggccc	其他病菌
NC	gaatctgaatgcgtatgccacaacggtgtctgc	阴性对照
PC	ggaatatatcgaggcaagcgtagacctccatcaacatatatatcttcgac	阳性杂交对照
DW	tcgagacccaacttaacgtatcactactccatcgtgca	表面化学对照
CK	—	空白对照

（2）芯片杂交与洗涤：取 6 μL Cy3-dCTP 标记的 PCR 产物 95℃变性

5min，之后迅速冰浴 5 min。变性产物与 1 μL 3×10⁻⁴ mmol/L 杂交阳性对照、7μL 杂交液（2.5％甲酰胺、0.2％SDS、6×SSC）混匀注入 cZipCode 探针区，封闭杂交盒，42 ℃杂交 1 h。杂交完毕后，取出芯片，用 42℃洗液Ⅰ（0.3×SSC，0.1％SDS）清洗 4 min，再用 42℃洗液Ⅱ（0.06×SSC）清洗 2min。最后将芯片置于芯片甩干室中离心干燥 30 s，待扫描。

（3）芯片扫描及结果检测：LuxScanTM10K 芯片扫描仪选择绿光通道，激光功率值为 95％，PMT 值为 650 nm，分辨率为 10 μm，扫描完毕后提取图片和数据。数据提取过程中引入概念 Circle，即图像分析过程中由软件生成用于标记 Spot（样品点）边界的圆圈，Circle 内部所有像素被用于表示 Spot 的信号值，用信号中位值、信号均值、信号标准差来表示 Circle 的特征。Circle 外围背景区的像素被用于计算 Spot 的背景信号强度，定义 Circle 外围背景区应满足 3 点：①半径为 Circle 半径的 2～4 倍；②不包括 Circle 内的像素，以及相邻 Circle 内的像素；③不包括 Circle 周围宽 1～8 像素的中间区。根据以上参数，软件自动获取相关数据，Spot 的信号值若肉眼观察有信号，信号绝对值大于 500，信噪比大于 3.0，判为阳性；若信号绝对值小于 500，信噪比小于 2.0，判为阴性；如果信号模糊，信噪比介于 2.0 和 3.0 之间，判为可疑，需重复验证。

（二）结果

1. 探针的设计结果　用于扩增探针的 P1 端和 P2 端的上下游引物的序列分别为：

P1/ P2：TCATGCTGCTAACGGTCGAG /CCGAGATGTACCGCTATCGT

本研究设计的用于检测向日葵黑茎病菌的 Padlock 探针序列（PHPL）为：5′– TATACGGCCGACGGTTAACAAAACTCCGCTCGACCGTTAGCAGCATGACCGAGATGTACCGCTATCGTCATCGAGTCCAACTGATCTAACGCGAGGTCCGAG –3′。

2. 向日葵黑茎病菌 Padlock 探针特异性　试验结果表明：设计的 PHPL 探针在供试的 8 种材料中只能从供试的目的病原菌中特异地扩增出一条 102 bp 的条带，而在非目标病原菌及空白对照中均无扩增条带，说明 PHPL 探针对向日葵黑茎病菌有较强的特异性，可以将要检测的目标病原菌和近似种以及其他病原菌区分开（图 21–15）。

3. 向日葵黑茎病菌 Padlock 探针灵敏度　灵敏度测试结果表明：该探针检测的灵敏度较强，最低可以检测到 10pg（图 21–16）。

4. 向日葵黑茎病菌 Padlock 探针结合基因芯片检测　测试结果如图 21–17：芯片表面化学对照正常，说明所有检测探针点制正常；杂交阳性对照有较

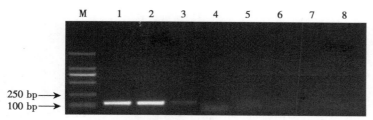

图 21-15　向日葵黑茎病菌 Padlock 探针 PMB 检测结果

M. DNA Maker DL 2000　1. 向日葵黑茎病菌　2. 向日葵黑茎病病株　3. 向日葵黑茎病种子

4～7. 其他近似种菌株　8. 阴性对照（健康植株）

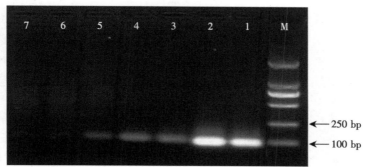

图 21-16　向日葵黑茎病菌 Padlock 探针灵敏度检测结果

M. DNA Marker DL 2000　1. 阳性质粒对照　2～6. 病原菌 DNA，依次为 10ng/μL、1ng/μL、

100pg/μL、10pg/μL、1pg/μL　7. 阴性对照

强信号，阴性对照和空白对照无信号，说明杂交过程正常。图 22-17 中 B5～
B8 cZipCode2 探针位点出现杂交信号，其他位点均无杂交信号，说明该方法
可以准确检测出向日葵黑茎病菌。

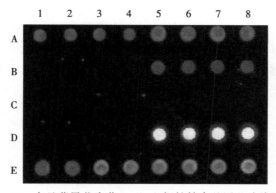

图 21-17　向日葵黑茎病菌 Padlock 探针结合基因芯片检测结果

A1～A8 和 E1～E8. 表面化学对照　B1～B4. 探针 cZipCode1　B5～B8. 探针 cZipCode2

C1～C4. 探针 cZipCode3　C5～C8. 空白对照　D1～D4. 杂交阴性对照　D5～D8. 杂交阳性对照

（三）小结

当前植物检疫是控制有害生物传播扩散的有效途径之一，但我国的检疫性病原生物检测技术与发达国家相比在检测的准确性和灵敏度等方面都有较大的差距，从而导致我国农产品在国际贸易中遭受严重损失。为了保护我国农业生产和生态环境安全，保护我国农产品的贸易利益，迫切需要开发准确、灵敏的检测技术作为技术支持，这对我国农业生产和口岸检疫具有重要意义。

自 80 年代中期至今，病原菌检测的主要手段已被 PCR 技术所取代。近几年，在常规 PCR 检测技术的基础上还发展出了许多新的技术。虽然 PCR 检测技术已经成为了学术研究的重要工具之一，但是它在园艺、农业生产中的应用受到了诸多限制，一些重要的植物病原菌由于在核酸序列上缺乏可设计 PCR 分子检测引物的位点，使得这些病原菌采用传统 PCR 分子检测十分困难。随着许多国家口岸的开放程度和自由贸易额的增加，开发针对检疫性有害生物的检测方法显得尤为迫切。在发展一项新的植物病原菌检测技术的过程中，通常需要考虑的是该技术的特异性、灵敏度和实用性等问题。另外，能否进行多重和定量检测也是发展新的检测技术需要考虑的问题。

基于 Padlock 探针的检测技术是一种以连接酶介导的分子检测技术。通过将分子间连接反应转化成分子内连接反应而大大提高连接效率，从而提高检测的灵敏度。采用核酸外切酶去除没有形成环状的探针和错配的探针，然后采用所有探针的通用端 P1 端和 P2 端的引物对切除后的产物进行扩增，将扩增后的产物与固定在载体上的 ZipCode 互补序列的核酸探针进行杂交，通过载体上的荧光信号来判断检测样品中是否有特定的病原物，由于 Padlock 探针可与基因芯片技术相结合，因此能够在检测的过程中实现高通量的目的。

李秀琴等（2014）设计了向日葵黑茎病菌的 Padlock 探针，并利用 Padlock 探针结合基因芯片技术，实现了对向日葵黑茎病菌的检测。试验结果表明，设计的探针及基于 PCR - Macroarry 相结合的检测技术在特异性、灵敏度、高通量方面均能够满足实际病原菌分子检测的需要。该检测技术可用于生产实际，也为开展向日葵其他重要病原菌检测提供了参考，对提高我国向日葵检验检疫水平具有重要意义。

第
二
十
二
章

向日葵种质资源对
黑茎病的抗性评价

对新疆主要栽培向日葵种质资源：康地 101、DK3951、S606、TO12244、KWS204、瑞特姆、M0314、KWS303、迪卡 G101、先瑞 1 号、LD1003、矮大头 567DW、新葵杂 5 号、DK3790、S606 等 94 个品种进行了田间抗黑茎病鉴定。

一、评价方法

在自然发病的情况下，进行定点调查，每个处理随机选取一样点，每个样点连续数取 10 个样株分别挂牌标记，进行 3 次调查，计算发病率、病情指数和抗病性指数。

二、病害及抗性分级标准

病害分级标准及计算公式：

0 级：无病斑；

1 级：整株茎秆上的病斑个数为 1～5，形成黑褐色斑块，病斑大小长宽均为 0～3cm，无枯叶；

3 级：整株茎秆上的病斑个数为 6～10，形成黑褐色斑块，病斑大小长宽均为 3.1～6cm，无枯叶；

5 级：整株茎秆上的病斑个数为 11～15，形成黑褐色斑块，病斑大小长宽均为 6.1～9cm，有枯叶 1～5 片；

7 级：整株茎秆上的病斑个数为 16～20，形成黑褐色斑块，病斑大小长宽均为 9.1～12cm，有枯叶 6～10 片；

9 级：整株茎秆上的病斑个数为 20 以上，形成黑褐色斑块，病斑大小长宽均大于 12.1cm，有枯叶 11 片以上。

注释：向日葵黑茎病的级别由病斑个数和病斑大小决定。病斑个数为主要因素，病斑大小为次要因素。如病斑个数为 1 级，病斑大小为 3 级、5 级，只提高一个级别，即记载 3 级。如果病斑个数是 5 级，病斑大小是 1 级、3 级，下降一级，即记载 3 级。

$$发病率 = \frac{发病株数}{调查总株数} \times 100\%$$

$$病情指数 = \frac{\sum(各级病叶数 \times 相对级数值)}{调查株数 \times 最高级数} \times 100$$

$$防效 = \frac{对照病情指数 - 处理病情指数}{对照病情指数} \times 100\%$$

$$增产率 = \frac{处理产量 - 对照产量}{对照产量} \times 100\%$$

$$相对抗病性指数 = \frac{鉴定品种的平均病情指数}{对照品种病情指数}（病情指数最高的为对照品种）$$

$$抗病性指数 = 1 - 相对抗病性指数$$

三、鉴定结果

（一）高感品种

康地 101、DK3951、KWS204、瑞特姆、澳葵 62、M0314、KWS303、迪卡 G101、先瑞 1 号、LD1003、K989、杰农 2519、DK3790、A17、Q5102、食葵 223、矮大头 567DW、矮大头 1003、8N270、NK5151、西亚 53、MJ789、XFY－1、XFY－2、XY6001、S672、矮丰 NK3133、FJA006、MJ789（金粒）、矮丰 8283、宋兆文（食）、MT767、新葵杂 6 号、食葵 LD5009、8D3W、MG63、DVRBAN、SOLARNT、EUR－HE－92HO、AR7－5150、TK1208、宏景 3601、YN909、8N270。

（二）中感品种

西亚 218、5208、Q8105、RH－316、澳优、S989、S606、Q1020、HS－315、先瑞 8 号、TO12244、西部骆驼（NX01025）、新葵杂 4 号、新引 S31、新葵杂 5 号、T8221、新引 711、G101、金葵谷 588、新食葵 6 号、新葵杂 7 号、龙葵杂 1 号、Q1026、SC89、FJA006、JN993、MAT314、嘉油 1 号、Q8105、峰华矮大头、LD67、Q8088、SDK－126、NK919、S31。

（三）中抗品种

西域朝阳（NX19012）、新葵杂 10 号、金葵谷 06006、金葵谷 60066、食葵 SH361、食葵三道眉、巴葵 118、龙食葵 3 号、TDY－ES311、美葵 DF－121、嘉油 2 号、TDY－ES310F1。

（四）高抗品种

ZH9023、食葵 SH363、食葵 SH318。

图 22-1　大田向日葵黑茎病不同品种抗性

图 22-2　向日葵黑茎病不同小区品种抗性

第
二
十
三
章

向日葵黑茎病的
风险性评估

一、多指标综合评判法

我国的生物入侵风险分析研究开始于 20 世纪 80 年代，我国植物检疫专家所提出的多指标综合评判法广受关注，以该方法为基础，陆续开展了大量的外来生物风险分析工作，其研究结果已在市场准入等谈判及防控外来生物入侵等方面发挥了重要的作用。

随着国际上对风险分析工作的重视，我国加强了与先进国家的风险分析技术交流，参加了部分 PRA 指南的起草，并于 1995 年成立了中国植物有害生物风险分析工作组。PRA 工作组开展了许多具体的工作，如梨火疫病菌、马铃薯甲虫、假高粱和地中海实蝇的 PRA 分析，同时确立了多指标综合评判的方法（蒋青等，1994，1995），及风险评估指标体系（表 23 - 1）、风险指标评判标准（表 23 - 2）以及风险计算公式（表 23 - 3）。

表 23 - 1　多指标综合评判风险评估指标体系（蒋青等，1995）

总指标	一般标准	二级标准
有害生物危险性（R）	1. 国内分布状况（P_1）	
	2. 潜在的危害性（P_2）	（1）潜在的经济危害性（P_{21}）
		（2）是否为其他检疫性有害生物的传播媒介（P_{22}）
		（3）国外重视程度（P_{23}）
	3. 受害栽培寄主的经济重要性（P_3）	（1）受害栽培寄主的种类（P_{31}）
		（2）受害栽培寄主的种植面积（P_{32}）
		（3）受害栽培寄主的特殊经济价值（P_{33}）
	4. 移植的可能性（P_4）	（1）截获难易（P_{41}）
		（2）运输过程中有害生物的存活率（P_{42}）
		（3）国外分布广否（P_{43}）
		（4）国内的适生范围（P_{44}）
		（5）传播力（P_{45}）

（续）

总指标		一般标准	二级标准
险性（$\hat{R}$）	有害生物危	5. 危险性管理的难度（P_5）	（1）检疫鉴定的难度（P_{51}） （2）除害处理的难度（P_{52}） （3）根除难度（P_{53}）

表 23-2　多指标综合评判风险指标评判标准（蒋青等，1995）

评判指标	指标内容	数量指标
P_1	国内分布状况	国内无分布 $P_1=3$；国内分布面积占 $0\%\sim20\%$，$P_1=2$；国内分布面积占 $20\%\sim50\%$，$P_1=1$；国内分布面积大于 50%，$P_1=0$
P_{21}	潜在的经济为害性	据预测，造成的产量损失达 20% 以上，和（或）严重降低作物产品质量，$P_{21}=3$；产量损失为 $5\%\sim20\%$，和（或）有较大的质量损失，$P_{21}=2$；产量损失为 $1\%\sim5\%$，和（或）较小的质量损失，$P_{21}=1$；且对质量无影响，$P_{21}=0$（如难以对产量/质量损失进行评估，可考虑用有害生物的为害程度进行间接的评判）
P_{22}	是否为其他检疫性有害生物的传播媒介	可传带 3 种以上的检疫性有害生物，$P_{22}=3$；传带两种检疫性有害生物，$P_{22}=2$；传带一种检疫性有害生物，$P_{22}=1$；不传带任何检疫性有害生物，$P_{22}=0$
P_{23}	国外重视程度	如有 20 个以上国家把某一有害生物列为检疫性有害生物，$P_{23}=3$；$10\sim19$ 个国家把某一种有害生物列为检疫性有害生物，$P_{23}=2$；$1\sim9$ 个国家把某一种有害生物列为检疫性有害生物，$P_{23}=0$
P_{31}	受害栽培寄主的种类	受害的栽培寄主达 10 种以上，$P_{31}=3$；栽培寄主为 $5\sim9$ 种，$P_{31}=2$；栽培寄主为 $1\sim4$ 种，$P_{31}=0$
P_{32}	受害栽培寄主的种植面积	受害栽培寄主的总面积达 350 万 hm^2 以上，$P_{32}=3$；受害栽培寄主的总面积为 150 万 ~350 万 hm^2，$P_{32}=2$；受害栽培寄主的总面积小于 150 万 hm^2，$P_{32}=1$；无受害，$P_{32}=0$
P_{33}	受害栽培寄主的特殊经济价值	根据其应用机制、出口创汇等方面，由专家进行判断定级，$P_{33}=3，2，1，0$
P_{41}	截获难易	有害生物经常被截获，$P_{41}=3$；偶尔被截获，$P_{41}=2$；从未截获或历史上只截获过少数几次，$P_{41}=1$；因现有检验技术的原因本项不设 0 级
P_{42}	运输过程中有害生物的存活率	运输中有害生物的存活率在 40% 以上，$P_{42}=3$；存活率为 $10\%\sim40\%$，$P_{42}=2$；存活率为 $0\sim10\%$，$P_{42}=1$；存活率为 0，$P_{42}=0$

(续)

评判指标	指标内容	数量指标
P_{43}	国外分布状况	在世界 50% 以上的国家分布，$P_{43}=3$；在世界上的国家分布比例为 25%～50%，$P_{43}=2$；在世界上的国家分布比例为 0～25%，$P_{43}=1$；在世界上的国家分布比例为 0，$P_{43}=0$
P_{44}	国内的适生范围	在国内 50% 以上的地区适生，$P_{44}=3$；国内适生地区比例为 25%～50%，$P_{44}=2$；国内适生地区比例为 0～25%，$P_{44}=1$；适生范围为 0，$P_{44}=0$
P_{45}	传播力	对气传的有害生物，$P_{45}=3$；由活动力很强的介体传播的有害生物，$P_{45}=2$；土传传播力很弱的有害生物，$P_{45}=1$；该项不设 0 级
P_{51}	检疫鉴定的难度	现有检疫鉴定方法的可靠性很低，花费的时间很长，$P_{51}=3$；检疫鉴定方法非常可靠且简便快捷，$P_{51}=0$；介于两者之间 $P_{51}=2，1$
P_{52}	除害处理的难度	现有的除害处理方法几乎不能杀死有害生物，$P_{52}=3$；除害率在 50% 以下，$P_{52}=2$；除害率为 50%～100%，$P_{52}=1$；除害率为 100%，$P_{52}=0$
P_{53}	根除难度	田间的防治效果差，成本高，难度大，$P_{53}=3$；田间防治效果显著，成本很低，简便，$P_{53}=0$；介于二者之间，$P_{53}=2，1$

表 23-3 多指标综合评价风险计算公式（蒋青等，1995）

评判指标	指标计算公式
R	$R = \sqrt[5]{P_1 P_2 P_3 P_4 P_5}$
P_1	P_1 根据评判指标决定
P_2	$P_2 = 0.6P_{21} + 0.2P_{22} + 0.2P_{23}$
P_3	$P_3 = \mathrm{Max}\,(P_{31}, P_{32}, P_{33})$
P_4	$P_4 = \sqrt[5]{P_{41} P_{42} P_{43} P_{44} P_{45}}$
P_5	$P_5 = (P_{51} + P_{52} + P_{53})\,/3$

　　在确定某一生物因子潜在风险的影响因素时，所遵循的原则包括：①相对固定的因子：指标的评价值要相对稳定，一些变量，如运输过程的变量不易确认，因而不必列入指标体系中。②重要因子：影响风险的因素很多，如果面面俱到，会影响决定因素的作用分析。③易于评价的因子：有些不易收集、不易量化的因素，如外来生物的传入对社会和生态的影响，可以暂时不选入指标体系中。④相对独立的因子：如果选择的因素在内含上有交叉，会加重该因素的

权重，影响结果的可靠性。⑤概括的因子：为了最大限度地达到统一评价，应选择能概括评价的因素；如"为害程度"这一因素，可以对不同类型的外来生物进行综合统一评价。

二、取值计算

表 23 - 4　向日葵黑茎病综合评判风险评估指标

评判指标	计算结果
P_1	1
P_2	3
P_3	2
P_4	3
P_5	3
R	2.22

表 23 - 5　向日葵黑茎病综合评判风险评估结果

指标内容	数量指标
1. 国内分布状况（P_1）	国内分布面积占 0～50%，$P_1=1$（在我国新疆伊犁州、宁夏永宁县、内蒙古赤峰市均有分布）
2. 潜在的危害性（P_2）	据预测，造成的产量损失达 20% 以上，和（或）严重降低作物产品质量，$P_{21}=3$；（造成的产量损失可达 50%～60%） 可传带 3 种以上的检疫性有害生物，$P_{22}=3$；（可传带向日葵白锈病、向日葵霜霉病、向日葵象甲等） 有 20 个以上国家把某一有害生物列为检疫性有害生物，$P_{23}=3$；（所有向日葵种植国均将其列为检疫性有害生物）
3. 受害栽培寄主的经济重要性（P_3）	栽培寄主为 1～4 种，$P_{31}=0$（只侵染向日葵） 受害栽培寄主的总面积小于 150 万 hm^2，$P_{32}=1$（主要为新疆北部约 75 万 hm^2） 受害栽培寄主的特殊经济价值根据其应用机制、出口创汇等方面，由专家进行判断定级，$P_{33}=2$（经过专家判定） 有害生物经常被截获，$P_{41}=3$（在天津港等港口进口的种子中经常被截获） 运输中有害生物的存活率在 40% 以上，$P_{42}=3$（经检测，进口的向日葵种子有 40% 以上带菌）

（续）

指标内容	数量指标
4. 移植的可能性（P_4）	在世界 50% 以上的国家有分布，$P_{43}=3$（世界绝大多数向日葵种植国均有分布） 在国内 50% 以上的地区能够适生，$P_{44}=3$（根据适生性研究，国内 60% 以上地区均可发生） 对气传的有害生物，$P_{45}=3$（经田间观察，主要以气流传播） 现有检疫鉴定方法的可靠性很低，花费的时间很长，$P_{51}=3$（目前，口岸检疫可靠性低）
5. 危险性管理的难度（P_5）	现有的除害处理方法几乎不能杀死有害生物，$P_{52}=3$（目前口岸除害处理防治效果较差） 田间的防治效果差，成本高，难度大，$P_{53}=3$（田间几乎无药剂可以防治）

三、结论

对已入侵新疆伊犁河谷 8 县 1 市、奎屯市、博乐州、昌吉州部分县市的向日葵黑茎病，根据田间调查的有关数据资料，利用我国农林有害生物的危险性综合评价标准和 PRA 评估模型进行风险评估，得出向日葵黑茎病（$R=2.22$）在新疆属于高度危险有害生物。

第二十四章

3 种杀菌剂拌种防治向日葵黑茎病效果

一、材料与方法

（一）试验作物及品种

当地推广的主栽向日葵品种 MO314。

（二）试验对象

向日葵黑茎病（*Phoma macdonaldii* Boerma，*Leptosphaeria lindquistii* Frezzi）。

（三）试验基本条件

试验地选择在新疆特克斯县蒙古乡向日葵黑茎病发病较严重的大田进行，避开地头或地边，试验地地势平坦、土壤肥力中等且肥力均匀一致。

（四）试验时间

2009 年 5 月 25 日对试验种子进行药剂拌种，5 月 27 日播种。

二、试验设计与处理

（一）供试药剂及用量

本试验设 50％多菌灵可湿性粉剂、70％甲基硫菌灵可湿性粉剂、2.5％咯菌腈悬浮种衣剂 3 种药剂各两个处理剂量（表 25－1），以清水为对照，共计 7 个处理，3 个重复，共计 21 个小区，采用完全随机试验设计，小区为 5 行区，行长 10 m，行距 0.5 m，小区面积 25m²，试验地四周设置保护行，重复间设置隔离带（表 24－1）。

（二）拌种、调查方法及内容

1. 拌种方法　各处理按 3 次重复的药剂、种子量，先将称好的药剂加水稀释，然后将药液缓慢倒入备好的种子上，边倒边拌，使药液均匀分布在每粒

表 24 - 1　供试药剂及用量

药剂名称	供试药剂生产厂家	用药量（有效成分）/ （g 或 mL/hm²）
50%多菌灵可湿性粉剂	江苏蓝丰农药股份有限公司	9
50%多菌灵可湿性粉剂	江苏蓝丰农药股份有限公司	13.5
70%甲基硫菌灵可湿性粉剂	日本曹达株式会社	9
70%甲基硫菌灵可湿性粉剂	日本曹达株式会社	13.5
2.5%咯菌腈悬浮种衣剂	先正达（中国）投资有限公司	9
2.5%咯菌腈悬浮种衣剂	先正达（中国）投资有限公司	11.25

种子上，晾干后即可播种。

2. 调查方法　播种后，分别于 7 月 15 日、7 月 25 日、8 月 5 日 3 次采用定点系统调查的方法，每处理小区取一样点，每样点连续取 10 株，挂牌标识，以单株为单位，调查茎秆上病斑数，按病害分级标准进行调查，计算病情指数和相对防治效果，结果利用多重比较邓肯式新复极差法进行统计分析，并于各调查期观察判断药害情况。

病害分级标准及计算公式见二十三章。

3. 药害调查　出苗后观察向日葵的生长发育状况，判断药剂对向日葵有无药害，记载药害类型和程度，评价药剂对向日葵的安全性。

药害分级方法：

－　无药害；

＋　轻度药害，不影响向日葵生长；

＋＋　中度药害，可复原，不会造成向日葵减产；

＋＋＋　重度药害，影响向日葵正常生长，对产量和品质造成一定的损失；

＋＋＋＋　严重药害，向日葵生长严重受阻，产量和品质损失严重。

三、结果及分析

（一）药害调查

试验地于 2010 年 5 月 27 日播种，6 月 10 日出苗，各处理出苗期基本一致。对出苗 1 周和出苗 2 周的幼苗进行田间调查，均无叶片灼烧和畸形叶出现，故无药害影响，表明 3 种药剂在试验剂量下对向日葵生长安全。

（二）田间防效

7月15日第一次调查结果显示：2.5％咯菌腈悬浮种衣剂 11.25mL/hm²、2.5％咯菌腈悬浮种衣剂 9mL/hm²、50％多菌灵可湿性粉剂 13.5g/hm² 3 个处理两种药剂差异有显著性，防效理想，均显著优于 50％多菌灵可湿性粉剂 9g/hm²、70％甲基硫菌灵可湿性粉剂 13.5g/hm²、70％甲基硫菌灵可湿性粉剂 9g/hm²；70％甲基硫菌灵可湿性粉剂 9g/hm² 拌种防效最低（60.1％）；7月25日第二次调查结果显示：第二次与第一次相比较防效明显下降，2.5％咯菌腈悬浮种衣剂 11.25mL/hm²、2.5％咯菌腈悬浮种衣剂 9mL/hm² 和 50％多菌灵可湿性粉剂 13.5g/hm² 3 个处理防效显著优于 50％多菌灵可湿性粉剂 9g/hm²、70％甲基硫菌灵可湿性粉剂 13.5g/hm²、70％甲基硫菌灵可湿性粉剂 9g/hm²；8月5日第三次调查结果显示：三种药剂的防效不明显，此时三种药剂间防效无差异（表24-2）。

表 24-2 3 种药剂拌种防治向日葵黑茎病防效 （特克斯，2009）

处理	用药量（有效成分）/ (g/hm²，mL/hm²)	7月15日		7月25日		8月5日	
		病情指数	相对防效（％）	病情指数	相对防效（％）	病情指数	相对防效（％）
2.5％咯菌腈悬浮种衣剂	11.25	1.7	83.4a	38.6	58.8a	22.5	25.5a
2.5％咯菌腈悬浮种衣剂	9	2.2	78.9b	35.9	53.7b	23.3	22.7a
50％多菌灵可湿性粉剂	13.5	2.9	71.7c	34.3	54.1b	23.0	23.8a
50％多菌灵可湿性粉剂	9	3.4	66.8d	33.1	46.0c	23.8	21.2a
70％甲基硫菌灵可湿性粉剂	13.5	3.7	63.9d	28.0	39.1d	25.0	17.1b
70％甲基硫菌灵可湿性粉剂	9	4.1	60.1d	28.4	35.8e	25.4	15.8b
空白对照（CK）		10.2	0	20.8	0	30.2	0

注：1）表中数据均为 3 个重复的平均值；2）防效后小写字母表示 5％显著水平；3）多重比较采用邓肯式新复极差法。

四、小结与讨论

（1）药剂拌种试验结果表明：三种药剂拌种对向日葵出苗安全，不产生药害。三种杀菌剂的药效持续期为 2 个月，且防效随向日葵生育进程的推进而降低，其中以出苗后 35d 防效最为理想，此时 2.5％咯菌腈悬浮种衣剂 11.25mL/hm²、2.5％咯菌腈悬浮种衣剂 9mL/hm²、50％多菌灵可湿性粉剂

13.5g/hm² 防效为 71.7%～83.4%，优于 50%多菌灵可湿性粉剂 9g/hm²、70%甲基硫菌灵可湿性粉剂 13.5g/hm²、70%甲基硫菌灵可湿性粉剂 9g/hm²；出苗后 45d，防效下降迅速，此期间 2.5%咯菌腈悬浮种衣剂 11.25mL/hm²、2.5%咯菌腈悬浮种衣剂 9mL/hm²、50%多菌灵可湿性粉剂 13.5g/hm² 防效在 54%～59%，仍优于 50%多菌灵可湿性粉剂 9g/hm²、70%甲基硫菌灵可湿性粉剂 13.5g/hm²、70%甲基硫菌灵可湿性粉剂 9g/hm²；出苗后 70d 三种杀菌剂的防效均较低，且药剂间防效无差异。

（2）从拌种试验结果看，出苗后 45d 药效下降，实际生产中可结合叶面喷雾防治，在向日葵现蕾期喷 10%苯醚甲环唑水分散粒剂 1 000 倍液或 50%多菌灵可湿性粉剂 500 倍液，可有效控制向日葵黑茎病的发生。

（3）从向日葵黑茎病的发病规律来看，向日葵黑茎病从发病到高峰期，向日葵处于生育期的蕾期和初花期；从拌种药剂的防效变化规律看，防效与发病规律不是十分吻合，但药剂拌种可有效防治向日葵种子带菌，对有效防治向日葵黑茎病的传播蔓延具有重要意义，是外来入侵有害生物向日葵黑茎病的有效化学防治途径之一。

4 种杀菌剂对向日葵黑茎病的田间防效

第二十五章

一、材料与方法

(一) 材料

试验在伊犁河谷特克斯县蒙古乡的向日葵大田中进行,供试材料为向日葵品种 KWS303。

(二) 试验药剂及试验设计

试验设 4 种杀菌剂 7 个处理喷雾,采用厂家推荐稀释倍数,以清水为对照,重复 3 次,共 21 个试验小区,小区面积 $32m^2$,采用完全随机试验设计药剂名称、生产厂家、稀释倍数、用量见表 25 - 1。

表 25 - 1　供试农药及稀释倍数和用药量

供试农药	生产厂家	稀释倍数	用药量 (有效成分) (g/hm²)
50%多菌灵可湿性粉剂	江苏蓝丰生物化工股份有限公司	500	675
50%多菌灵可湿性粉剂	江苏蓝丰生物化工股份有限公司	800	422
70%甲基硫菌灵可湿性粉剂	日本曹达株式会社	800	591
70%甲基硫菌灵可湿性粉剂	日本曹达株式会社	1 000	473
10%苯醚甲环唑 (世高) 水分散粒剂	瑞士先正达公司	1 000	68
50%嘧菌酯 (翠贝) 悬浮剂	德国 BSF	2000	169

(三) 试验条件

试验地为沙壤土,肥力中等,前茬作物为向日葵,该区域向日葵黑茎病历年发生较重,2009 年 5 月 18 日播种,5 月 26 日出苗,向日葵长势中等。

(四) 施药方法

第一次在向日葵现蕾初期 7 月 16 日施药,间隔 7d 后现蕾期 7 月 23 日第二次施药，整个生育期施药 2 次，均使用 16 型背负式喷雾器施药，进行茎叶处理。

（五）调查内容及方法

1. 安全性调查　施药后观察向日葵的生长发育状况，评价各药剂对向日葵的安全性，且对病情指数与药效进行计算。

2. 药效调查　采用定点调查的方式，每试验小区设 1 个样点，分别在向日葵开花初期 7 月 26 日第一次调查，向日葵开花期 7 月 30 日（7d 后）进行第二次调查，向日葵开花盛期 8 月 6 日（14d 后）第三次调查。采用定点调查的方式。在每个处理的中间两行，随机数取连续的 20 株作为一样点，挂牌标识。在向日葵黑茎病发病初期、中期和盛期分 3 次调查病情指数并计算防效，同时观察药害情况。

3. 对向日葵的影响　观察药剂对向日葵有无药害，记载药害类型和程度。药害分级方法：

－　无药害；

＋　轻度药害，不影响向日葵生长；

＋＋　中度药害，可复原，不会造成向日葵减产；

＋＋＋　中度药害，影响向日葵正常生长，对产量和品质造成一定的损害；

＋＋＋＋　严重药害，向日葵生长严重受阻，产量和品质损失严重。

4. 病害调查分级标准及计算公式　见第二十三章。

二、结果及分析

（一）药害调查

试验地于 2009 年 5 月 18 日播种，5 月 26 日出苗，各处理出苗期一致。出苗后进行田间调查，各处理区向日葵株高、叶色、长势与清水对照区一致，均无药害影响，表明 4 种药剂在试验剂量下对向日葵生长安全（表 25 - 2）。

表 25 - 2　向日葵药害调查表（特克斯，2009）

处　　理	出苗 7d 后		出苗 14d 后	
	叶片灼烧斑	心叶畸形	叶片灼烧斑	心叶畸形
50％多菌灵可湿性粉剂 500 倍液	0	0	0	0
50％多菌灵可湿性粉剂 800 倍液	0	0	0	0
70％甲基硫菌灵可湿性粉剂 800 倍液	0	0	0	0

（续）

处理	出苗 7d 后		出苗 14d 后	
	叶片灼烧斑	心叶畸形	叶片灼烧斑	心叶畸形
70%甲基硫菌灵可湿性粉剂 1 000 倍液	0	0	0	0
10%苯醚甲环唑水分散粒剂 1 000 倍液	0	0	0	0
50%嘧菌酯悬浮剂 2 000 倍液	0	0	0	0
空白对照（CK）	0	0	0	0

（二）田间防效

第二次施药后 3d 调查结果表明：6 种处理在防效上有显著差异，其中 10%苯醚甲环唑水分散粒剂 1 000 倍液、50%多菌灵可湿性粉剂 500 倍液和 70%甲基硫菌灵可湿性粉剂 800 倍液的防效显著优于其他 3 种处理，其中 10%苯醚甲环唑水分散粒剂 1 000 倍液（63.5%）显著优于 50%多菌灵可湿性粉剂 500 倍液（59.1%），此时 6 种处理均低于 65%，不是很理想；第二次施药后 7d 调查结果表明：6 种处理的防效均有不同程度的提高，防效排在前三位的依次是 10%苯醚甲环唑水分散粒剂 1 000 倍液、50%多菌灵可湿性粉剂 500 倍液和 70%甲基硫菌灵可湿性粉剂 800 倍液，其中 10%苯醚甲环唑水分散粒剂 1 000 倍液（77%）显著优于 50%多菌灵可湿性粉剂 500 倍液（73.4%）和 70%甲基硫菌灵可湿性粉剂 800 倍液（72.6%）；第二次施药后 14d 调查结果表明：防效好的仍是 10%苯醚甲环唑水分散粒剂 1 000 倍液、50%多菌灵可湿性粉剂 500 倍液和 70%甲基硫菌灵可湿性粉剂 800 倍液，其中 10%苯醚甲环唑水分散粒剂 1 000 倍液（71%）显著优于 50%多菌灵可湿性粉剂 500 倍液（65.1%）、70%甲基硫菌灵可湿性粉剂 800 倍液，而其他 3 种处理 50%嘧菌酯悬浮剂 2 000 倍液、50%多菌灵可湿性粉剂 1 000 倍液和 70%甲基硫菌灵可湿性粉剂 1 500 倍液不是很理想，其中 50%嘧菌酯水分散粒剂 2000 倍液显著于 50%多菌灵可湿性粉剂 1 000 倍液、70%甲基硫菌灵可湿性粉剂 1 500 倍液（表 25-3，图 25-1）。

表 25-3　病情指数及防治效果（特克斯，2009）

处理	第二次药后 3d（7 月 26 日）		第二次药后 7d（7 月 30 日）		第二次药后 14d（8 月 6 日）	
	病情指数	相对防效（%）	病情指数	相对防效（%）	病情指数	相对防效（%）
10%苯醚甲环唑水分散粒剂 1 000倍液	1.46	63.5a	3.72	77.0a	7.54	71.0a

（续）

处　　理	第二次药后 3d（7 月 26 日）		第二次药后 7d（7 月 30 日）		第二次药后 14d（8 月 6 日）	
	病情指数	相对防效（%）	病情指数	相对防效（%）	病情指数	相对防效（%）
50% 多菌灵可湿性粉剂 500 倍液	1.63	59.1b	4.31	73.4b	9.07	65.1b
70% 甲基硫菌灵可湿性粉剂 800 倍液	1.66	58.5b	4.44	72.6b	9.28	64.3b
50% 嘧菌酯悬浮剂 2 000 倍液	1.95	51.2c	5.58	65.5c	10.63	59.1c
50% 多菌灵可湿性粉剂 1 000 倍液	2.47	38.1d	7.75	52.1d	13.91	46.5d
70% 甲基硫菌灵可湿性粉剂 1 500 倍液	2.55	36.1d	8.06	50.2d	14.09	45.8d
空白对照（CK）	4.00	—	16.2	—	26.00	—

注：1) 表中数据均为 3 次重复的平均值；2) 防效后小写字母表示 5% 显著水平；3) 多重比较采用新复极差法。

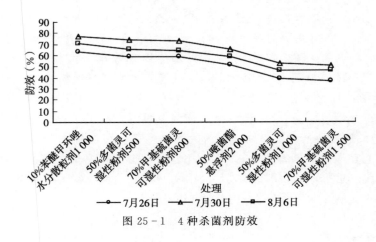

图 25-1　4 种杀菌剂防效

三、小结与讨论

（1）茎叶处理试验结果表明：4 种药剂茎叶处理对向日葵安全，不产生药害。4 种杀菌剂的药效持续期为半个月，且防效随向日葵生育进程的推进而降低，其中以第二次药后 7d 防效最为理想，此时 10% 苯醚甲环唑水分散粒剂

1 000倍液、50％多菌灵可湿性粉剂 500 倍液、70％甲基硫菌灵可湿性粉剂 800 倍液防效最好，50％嘧菌酯悬浮剂 2000 倍液、50％多菌灵可湿性粉剂 1 000倍液、70％甲基硫菌灵可湿性粉剂 1 500 倍液防效略低；第二次药后 14d，防效下降，此期间10％苯醚甲环唑水分散粒剂 1 000 倍液、50％多菌灵可湿性粉剂 500 倍液、70％甲基硫菌灵可湿性粉剂 800 倍液防效为 64.3％～ 71％，仍优于 50％嘧菌酯悬浮剂 2000 倍液、50％多菌灵可湿性粉剂 1 000倍 液和 70％甲基硫菌灵可湿性粉剂 1 500 倍液。50％多菌灵可湿性粉剂 1 000 倍 液和 70％甲基硫菌灵可湿性粉剂 1 500 倍液稀释倍数大，没有达到应有的防治 效果，因此建议生产上使用10％苯醚甲环唑水分散粒剂 1 000 倍液、50％多菌 灵可湿性粉剂 500 倍液、70％甲基硫菌灵可湿性粉剂 800 倍液。

（2）田间药剂防治向日葵黑茎病试验结果表明，4 种药剂均可不同程度地 控制向日葵黑茎病的发生。第二次药后 7d（7 月 30 日）调查结果表明，6 个 处理在防效上有显著差异。

（3）从向日葵黑茎病的发病规律来看，向日葵黑茎病从发病到高峰期，向 日葵处于生育期的初花期和花盛期；病害发生流行快，为害严重，第二次药后 14d 防效降低，但 4 种杀菌剂对有效控制向日葵黑茎病发生、发展和传播蔓延 具有重要意义，是向日葵黑茎病田间控制的有效途径之一。

第二十六章

向日葵黑茎病
防治技术

建立以加强种子检疫、种子包衣、种植抗病品种、病田轮作和清理焚烧秸秆为基础,在苗期和现蕾期喷施对路农药的综合防治策略。

一、植物检疫

1. 严格实施引种检疫 引种时要进行严格检疫和检验,避免种子带菌。禁止从疫区调运向日葵种子,防止向日葵黑茎病菌随种子远距离传播蔓延。

2. 加强引种检疫管理 各地在办理向日葵国外引种检疫审批时,应要求引种单位或个人提供国外向日葵种子产地官方检疫机构出具的证明,证明该批种子产自没有向日葵黑茎病等检疫性有害生物的地区。

3. 引种后的田间监测 加强进口种子的田间疫情监测。

二、农业防治

1. 种植抗病品种 选用抗病性较强的品种 MT792G、TO12244 等(可根据当地种植品种选择种植抗病品种)。

2. 轮作倒茬 上年发病重的地块避免连作,最好轮作 2~3 年,即种 1 季向日葵后,间隔 2~3 年后再种,间隔期间可种小麦、玉米等其他作物。

3. 合理密植 每 667m² 保苗 5 000~5 500 株;采用宽窄行种植,增加田间通风透光,降低小气候湿度。

4. 调节播种期,适时晚播 在不影响产量的前提下,向日葵尽量晚播,一般年份新疆北部可推迟至 5 月上旬种植,其中伊犁地区特克斯县播种期可延迟到 5 月下旬至 6 月初。

5. 加强田间管理 根据测土配方施肥,合理施肥,增施有机肥,注重钾肥施用,及时中耕除草,注重雨后排水,以增强向日葵植株的抗病能力,从而减轻发病。

6. 清理深埋病残体 重视向日葵收获后病残体的清理与深埋,秋收后清洁向日葵田,将向日葵残株连根拔出,并及时运出田外,彻底把病残体深埋到地下，使其腐烂，可减轻翌年发病程度。

三、化学防治

1. 种子处理　2.5％咯菌腈悬浮种衣剂包衣，每 250 mL 药剂拌向日葵种子 100 kg。拌种方法：准备好桶或塑料袋，将 2.5％咯菌腈悬浮种衣剂按药剂与种子重量比 1∶400 拌种。

2. 茎叶处理　向日葵株高 20cm 时第一次喷施药剂，70％甲基硫菌灵可湿性粉剂 1 000 倍液。

第二次喷施药剂，用 22.5％啶氧菌酯悬浮剂 1 500 倍液＋58％甲霜灵·锰锌可湿性粉剂 800～1 000 倍液（距离第一次施药 7～10d）。

第三次施药（现蕾前期），用 10％氟硅唑水乳剂 1 000 倍液＋64％恶霜·锰锌（杀毒矾）可湿性粉剂 1 500 倍液（距离第二次施药 7～10d）。

3. 切断传播介体　麦收时（7～8 月）防止大青叶蝉和小绿叶蝉大量迁入，可在向日葵田边地头喷药防治。药剂可选用 3％啶虫脒乳油 2 000 倍液、10％吡虫啉可湿性粉剂 1 000 倍液、1％印楝素水剂 800 倍液，或灯光诱杀。

播期和种植密度对向日葵
黑茎病及白锈病发生的影响

第二十七章

一、材料与方法

试验地选择在新疆伊犁地区新源县向日葵种植田，向日葵品种为油用型S606。试验内容为不同播种时期和不同种植密度对向日葵黑茎病、白锈病发生程度的影响。

（一）不同播期试验

在田间肥水管理一致的条件下，试验共设 6 个播期处理，分别为 2012 年、2013 年的 4 月 13 日、4 月 20 日、4 月 27 日、5 月 4 日、5 月 11 日、5 月 18 日。各处理小区采用随机区组排列，重复 3 次，小区面积 33 m^2 （11m×3m），向日葵行距 50cm，株距 27cm。

（二）不同种植密度试验

试验共设 5 个种植密度处理，分别于 2012 年、2013 年同期播种。株距分别为 22cm、24cm、27cm、30cm、33cm，行距均为 50cm，并计算出对应的每667m^2 株数。各处理小区采用随机区组排列，重复 3 次，小区面积 33m^2（11m×3m）。

（三）调查取样

播种后调查田间病情：2012 年调查时间为 7 月 29 日、8 月 6 日、8 月 30日；2013 年调查时间为 6 月 15 日、7 月 12 日、7 月 28 日、8 月 17 日、9 月20 日。每小区选第三、四行取样，每行取 5 株，共 10 株。调查其中的发病株数，并按病害分级标准进行分级。同时每小区随机连续取样 10 株，不论病健株，测定每小区的产量。向日葵白锈病、黑茎病病害调查分级标准及计算公式见第十四章、第二十二章。

二、结果与分析

（一）播期对向日葵黑茎病和白锈病发生的影响

调查发现（表 27-1），总体来说，向日葵黑茎病病情指数随着播期推迟逐渐下降，随着植株生育期的延长，病情指数逐渐升高。在 2012 年、2013 年 4 月 13 日播种的向日葵黑茎病病情指数最高，最高值分别为 72.00、77.00；5 月 18 日播种的向日葵黑茎病病情指数最低，最高值分别为 59.00、51.00。方差分析结果表明，播种越早向日葵黑茎病发生越严重。适时调整播期，可减轻向日葵黑茎病的发生程度。而向日葵白锈病的病情指数与播期之间未发现一致性规律，推测向日葵白锈病的发生程度与播期早晚无直接关系。

表 27-1　不同播期向日葵黑茎病与白锈病的病情指数（新源，2012—2013）

播期 （月/日）	向日葵黑茎病平均病情指数						
	2012 年调查日期（月/日）			2013 年调查日期（月/日）			
	7/29	8/6 日	8/30	7/12	7/28	8/17	9/20
4/13	59Aa	60Aa	72Aa	33Aa	53Aa	77Aa	76.33ABa
4/20	53Bb	56Aab	69Aa	53ABab	44ABab	71ABa	75.67Aa
4/27	50BCc	53ABb	67ABa	19ABab	44ABab	56BCb	75.67ABa
5/4	46CDcd	51ABb	65ABab	16ABb	37ABb	49Cb	71.56ABa
5/11	44CDcd	50ABbc	64ABab	11ABb	38ABb	49Cb	72.67ABa
5/18	45Dd	44Bc	59Bb	5Bb	33Bb	45Cb	51Bb

播期 （月/日）	向日葵白锈病平均病情指数					
	2012 年调查日期（月/日）			2013 年调查日期（月/日）		
	7/29	8/6	8/30	6/15	7/12	7/28
4/13	2Aa	3Aab	0Aa	2Aa	3Aa	3Aa
4/20	4Aa	2Ab	0Aa	3Aa	5Aa	3Aa
4/27	3Aa	3Aab	0Aa	3Aa	5Aa	5Aa
5/4	2Aa	5Aab	0Aa	4Aa	4AAa	4Aa
5/11	4Aa	6Aa	1Aa	4Aa	6Aa	5Aa
5/18	3Aa	3Ab	1Aa	3Aa	7Aa	6Aa

注：试验于 2012 年与 2013 年分两次在新疆新源进行，播期为两年同期；供试向日葵品种为油用型 S606；病情指数均为 3 次重复的平均值。表中同列中不同小写字母表示 $p=0.05$ 水平差异显著，不同大写字母表示 $p=0.01$ 水平差异显著。下同。

（二）不同种植密度对向日葵黑茎病和白锈病发生的影响

2012 年、2013 年的调查数据（表 27－2）显示：不同种植密度的向日葵，黑茎病病情指数相差不大，未因种植密度（株距）的增减表现出规律性变化，因此推测向日葵黑茎病的发生程度与种植密度没有直接关系，方差分析不显著。而总体来看，向日葵种植株距越小（即种植密度越高），向日葵白锈病的病情指数越大，表现出一定的规律性。

表 27－2 不同种植密度向日葵黑茎病、白锈病的病情指数（新源，2012—2013）

播种株距 (cm)	黑茎病平均病情指数						
	2012 年调查日期（月/日）			2013 年调查日期（月/日）			
	7/29	8/6 日	8/30	7/12	7/28	8/17	9/20
22	45.5Aa	52.5Aa	57.5Aa	40Aa	77Aa	73.67Aa	88.67Aa
24	49Aa	58Aa	63.5Aa	37.67Aa	80Aa	79.67Aa	79.33Aa
27	46Aa	56.5Aa	50Aa	46.33Aa	80.74Aa	80.67Aa	75.67Aa
30	42Aa	49Aa	61Aa	39.67Aa	80Aa	80Aa	81.33Aa
33	43.6Aa	50.4Aa	59Aa	41Aa	74.07Aa	74Aa	87.33Aa

播种株距 (cm)	白锈病平均病情指数					
	2012 年调查日期（月/日）			2013 年调查日期（月/日）		
	7/29	8/6	8/30	6/15	7/12	7/28
22	23.5Bb	39.5Aa	0	47.67Aa	6Aa	2.67Aa
24	46.5Aa	33.5Aab	0	79Aa	6Aa	1.33Aa
27	10Cc	29ABb	0	59.33ABab	4Bb	1Aa
30	10Cc	26.5ABbc	0	53ABb	2.67Cc	0Bb
33	7.8Cc	19.6Bc	0	38.67Bb	1.67Cd	0Bb

（三）不同播期、种植密度对向日葵产量的影响

2012 年、2013 年连续两年种植向日葵产量数据显示（表 27－3），不同播期试验：4 月 13 日播种的向日葵产量相对较低，分别为每 667m² 190.4kg、216.67kg；5 月 18 日种植的向日葵产量最高，分别为每 667m² 234.15kg、245.33kg。由方差分析可知：播期越早，向日葵黑茎病发生越严重，产量越低；播期越晚，向日葵黑茎病发生越轻，产量越高。

不同种植密度试验：株距 22cm 向日葵产量相对较低，分别为每 667m² 162.8kg、175.2kg；株距 30cm 向日葵产量最高，分别为每 667m² 212.1kg、

220.8kg。根据方差分析得知：株距越小（密度越大），向日葵白锈病发生越严重，产量越低；株距越大（密度越小），向日葵白锈病发生越轻，产量越高。

表 27-3　不同播期、种植密度对向日葵产量的影响（新源，2012—2013）

播期 （月/日）	2012 年每 667m² 平均产量	2013 年每 667m² 平均产量	种植密度 （株距）	2012 年每 667m² 平均产量	2013 年每 667m² 平均产量
4/13	190.4Bc	216.67BCb	22cm	162.8Bb	175.2Bb
4/20	201.65ABbc	210Cc	24cm	187ABa	195.53ABab
4/27	214.8ABabc	216ABCb	27cm	201.25ABa	208.67ABa
5/4	219ABa	224.17ABCb	30cm	212.1aA	220.8Aa
5/11	223.5ABab	246.67Aa	33cm	204ABa	216Aa
5/18	234.15Aa	245.33ABa			

三、结论

通过播期试验得出，伊犁地区向日葵最佳种植时间为 5 月中旬，在此期间内播种的向日葵产量较高，黑茎病病情指数较低；通过种植密度试验得出，伊犁地区向日葵最佳种植密度为株距 30cm，行距 50cm（每 667m² 4 500 株），在此密度下种植的向日葵产量较高，白锈病病情指数较低。

向日葵黑茎病和白锈病属于国内新发生的检疫性病害，国内尚未见有通过调整播期影响两种病害的研究。故本试验的研究意义在于通过调整播期并比较，确定新疆伊犁地区最佳向日葵播种时期，以避开或减轻向日葵黑茎病和白锈病对向日葵的为害，从而提高向日葵产量，为向日葵种植提供理论技术依据。

在本研究中，笔者发现，在不同种植密度的处理区下，随着种植密度的降低，向日葵白锈病病情指数也逐渐降低，病害发生较轻，相应的产量也越高。两年同期同种病害的病情指数差异较大是因为新源县 2012 年降雨多，田间湿度较大，有利于病害发生，而 2013 年降雨较少，病害发生较轻。

第二十八章 几种药剂组合处理对向日葵黑茎病的防病增产效果

一、材料与方法

（一）试验地及供试品种

试验地选择在新疆伊犁地区新源县向日葵黑茎病常年发生地，坐标北纬43.435406°，东经83.267518°。

供试向日葵品种为油用型 S606。

（二）试验设计

试验设计参考赵善欢、方中达（1998）、王宝山等介绍的方法，设计了 3 种药剂拌种、2 种茎叶处理剂的组合防病试验。试验于 2014 年 5～9 月进行，5 月 13 日拌种，5 月 14 日播种，东西走向种植，株距 27cm，行距 50cm，小区长 10m，宽 3m，面积 30m²，每小区种植 6 行。

2014 年 6 月 17 日第一遍茎叶喷雾（花前预防性处理）；6 月 25 日第二遍茎叶喷雾（花前预防性处理）。试验共 6 个处理，重复 3 次，各处理小区采用随机区组排列（表 28-1）。

表 28-1 试验药剂及其用药量

处理	拌种药剂	第一遍茎叶处理	第二遍茎叶处理	用药量
1	2.5%咯菌腈悬浮种衣剂	10%氟硅唑水乳剂	10%氟硅唑水乳剂	2.5%咯菌腈悬浮种衣剂按药剂与种子重量比 1：400 拌种；10%氟硅唑水乳剂按药剂与种子重量比 1：1 000 拌种、以 1 000 倍液做茎叶处理；22.5%按药剂与种子重量比 1：1 500 拌种、以 1 500 倍液做茎叶处理
2	2.5%咯菌腈悬浮种衣剂	22.5%啶氧菌酯悬浮剂	22.5%啶氧菌酯悬浮剂	
3	10%氟硅唑水乳剂	10%氟硅唑水乳剂	10%氟硅唑水乳剂	
4	10%氟硅唑水乳剂	22.5%啶氧菌酯悬浮剂	22.5%啶氧菌酯悬浮剂	
5	22.5%啶氧菌酯悬浮剂	10%氟硅唑水乳剂	10%氟硅唑水乳剂	
6	22.5%啶氧菌酯悬浮剂	22.5%啶氧菌酯悬浮剂	22.5%啶氧菌酯悬浮剂	
CK	—	—	—	不作任何处理

（三）田间调查与数据统计

田间发病情况调查分别于发病初期（8月12日）及发病盛期（9月2日）和发病末期（9月27日）进行。每小区在第三、四行取样，每行取5株，共10株。调查其中的发病株数，并按病害分级标准进行病情分级及病情统计。测产时每小区随机取样10株，测得平均单株产量，再结合小区面积和小区株数，统计每小区产量。

向日葵黑茎病病害分级标准及计算公式见第二十二章。

二、结果与分析

（一）6个组合处理的病情及防效比较

供试3种拌种药剂在试验浓度下对向日葵出苗安全，不产生药害。对各组合处理的病情调查及防效分析表明（表28-2）：所有组合处理在向日葵黑茎病发病初期（8月12日）、发病盛期（9月2日）和发病末期（9月27日）的病情均较对照显著降低，在发病末期对照病情指数达到41.54的情况下，各组合处理的最终病情指数在8.78～12.80之间，其最终防效均达到70%以上；方差分析显示，在发病初期（8月12日），各处理间向日葵黑茎病病情指数在 $p=0.05$ 和0.01的水平上差异均显著，与对照CK差异极显著；在发病盛期（9月2日）和发病末期（9月27日），各处理间向日葵黑茎病病情指数在 $p=0.05$ 和0.01的水平上差异不显著，与对照CK差异显著；说明6种组合处理对向日葵黑茎病均有显著的控制作用。

表28-2 各小区向日葵黑茎病病情指数、防效及方差分析（新源，2014）

调查时间	处理	病情指数			方差分析均值	防效（%）
		重复一	重复二	重复三		
8月12日 （茎叶喷雾后45d，发病初期）	1	4.44	6.67	5.56	6.065 4 Cd	79.11
	2	5.56	6.67	7.78	7.143 6 BCcd	74.94
	3	7.78	6.67	8.89	8.239 BCbcd	70.77
	4	6.67	6.67	11.11	8.652 6 BCbc	69.38
	5	10	7.78	11.11	10.467 8 Bb	63.83
	6	8.89	8.89	7.78	9.056 8 BCbc	67.99
	CK	24.44	26.67	28.76	29.314 Aa	—

（续）

调查时间	处理	病情指数			方差分析均值	防效（%）
		重复一	重复二	重复三		
9月2日 （茎叶喷雾后65d， 发病盛期）	1	12.22	8.89	8.89	10.605 2 Bb	72.01
	2	10	10	4.44	8.339 6 Bb	77.19
	3	11.11	8.89	5.56	8.75 Bb	76.15
	4	12.22	10	10	11.062 2 Bb	69.94
	5	11.11	8.89	8.89	10.092 2 Bb	73.05
	6	10	7.78	11.11	9.756 5 Bb	73.05
	CK	35.56	33.85	37.78	38.767 1 Aa	—
9月27日 （茎叶喷雾后90d， 发病末期）	1	6.67	14.44	6.67	10.056 4 Bb	76.85
	2	3.33	11.11	10	8.779 2 Bb	79.63
	3	10	12.22	13.33	12.039 5 Bb	70.38
	4	14.44	8.89	12.22	12.803 9 Bb	70.38
	5	11.11	13.33	10	12.467 3 Bb	71.30
	6	5.56	13.33	13.33	11.405 7 Bb	73.15
	CK	37.78	40	42.22	41.535 Aa	—

注：表中同列中不同小写字母表示 $p=0.05$ 水平差异显著，不同大写字母表示 $p=0.01$ 水平差异显著。

6种组合处理中，处理2（使用 2.5% 咯菌腈悬浮种衣剂拌种及 2.5% 啶氧菌酯悬浮剂 1 500 倍液 2 遍茎叶处理）病情指数上升趋势较缓慢，波动较小，表现出较好的早期防效、持续防效和最终防效，最终防效达 79.63%，是所有处理中综合防病效果最好的处理；处理1（使用 2.5% 咯菌腈悬浮种衣剂拌种及 10% 氟硅唑水乳剂 1 000 倍液 2 遍茎叶处理）在发病初期病情最低，防效最好，但到发病盛期病情指数上升较快，持久防效稍差，其最终防效（76.85%）和综合防效次于处理1；其他4个组合处理的防效均在 70% 上下，其最终防效依次为：处理6（73.15%）＞处理5（71.30%）＞处理4（70.38%）＝处理3（70.38%），明显低于处理2和处理1。

（二）各组合处理的增产效果

测产分析表明（表28-3）：各处理通过病害预防均取得较好的增产效果，与对照CK相比较差异极显著；各处理间差异均显著，其中处理1、处理4和处理2通过防病达到的增产效果比较突出，增产率分别为 64.20%、54.78% 和 50.78%，均在 50% 以上，其余3个处理增产效果在 39%～42% 之间。

表 28 - 3 各小区向日葵亩产量、增产率及方差分析（新源，2014）

处理	亩产（kg）			方差分析均值	每 667m² 较对照增产（kg）	增产率（%）
	重复一	重复二	重复三			
1	308.5	300.5	315	342.833 1 Aa	120.42	64.20
2	270.5	287.5	290.5	301.466 8 ABCbc	95.25	50.78
3	242.5	260.9	226	241.434 5 Dd	55.55	29.61
4	280	297.5	293.5	301.253 3 ABb	102.75	54.78
5	245	270.5	238	279.395 2 CDd	63.59	33.90
6	268.5	270.5	258.5	277.967 3 BCDcd	78.25	41.72
CK	191.75	185.69	185.3	201.986 5 Ee	—	—

注：表中同列中不同小写字母表示 $p=0.05$ 水平差异显著，不同大写字母表示 $p=0.01$ 水平差异显著。

从不同药剂处理上分析：处理 1、3、5（分别使用 2.5% 咯菌腈悬浮种衣剂、10% 氟硅唑水乳剂、22.5% 啶氧菌酯悬浮剂拌种，加 2 遍 10% 氟硅唑水乳剂茎叶处理）的向日葵，平均每 667m² 产量分别为：308kg、243.13kg、251.17kg，其方差分析在 $p=0.05$ 和 $p=0.01$ 水平上均显著，增产率分别为：64.20%、29.61%、33.90%，其中处理 1（2.5% 咯菌腈悬浮种衣剂拌种）的向日葵平均每 667m² 产量及增产率最高；处理 2、4、6（分别使用 2.5% 咯菌腈悬浮种衣剂、10% 氟硅唑水乳剂、22.5% 啶氧菌酯悬浮剂拌种，然后 2 遍 22.5% 啶氧菌酯悬浮剂茎叶处理种植）的向日葵，平均每 667m² 产量分别为：282.83kg、290.33kg、265.83kg，其方差分析在 $p=0.05$ 和 $p=0.01$ 水平上均显著，增产率分别为：50.78%、54.78%、41.72%，其中处理 4（2.5% 咯菌腈悬浮种衣剂拌种）的向日葵平均每 667m² 产量最高，处理 2（10% 氟硅唑水乳剂拌种）次之。由此可见，3 种拌种剂中，2.5% 咯菌腈悬浮种衣剂防病增产效果较好；两种茎叶处理剂中，22.5% 啶氧菌酯悬浮剂防病增产效果较好。

三、结论

供试的 3 种拌种药剂在试验浓度下向日葵出苗安全，不产生药害。

试验所选的 3 种拌种药剂和 2 种茎叶处理药剂对向日葵黑茎病 45d、65d 和 90d 防效均在 63% 以上，最终防效在 70% 以上，均表现出较好的速效性和持效性。其中，处理 2（2.5% 咯菌腈悬浮种衣剂拌种，6月中、下旬进行 2 遍 22.5% 啶氧菌酯悬浮剂茎叶处理）的防病效果最好，处理 1（2.5% 咯菌腈悬浮种衣剂拌种，6 月中、下旬进行 2 遍 10％氟硅唑水乳剂茎叶处理）次之。在 6 个组合处理中，通过病害预防均取得较好的增产效果，其中处理 1、处理 4 和处理 2 通过防病达到的增产效果比较突出，增产率均在 50％以上（处理 1 为 64.20％、处理 4 为 54.78％和处理 2 为 50.78％）。对防病效果及增产效果的综合分析表明，处理 1 和处理 2（2.5％咯菌腈悬浮种衣剂拌种，6 月中、下旬进行 2 遍 10％氟硅唑水乳剂或 2 遍 22.5％啶氧菌酯悬浮剂茎叶处理）对向日葵黑茎病防病效果可达 75％以上，增产效果可达 50％以上，建议在进一步示范的基础上，作为向日葵黑茎病疫区的应急防病措施加以推广应用。

在 6 个组合处理中，处理 3（10％氟硅唑水乳剂拌种和茎叶处理）及处理 6（22.5％啶氧菌酯悬浮剂拌种和茎叶处理）两个单一药剂连续使用的处理其最终防效均稍低，其原因可能与病菌抗药性的产生有一定关系。为此建议在防病实践中尽量选择不同药剂轮换处理。此外，处理 4（10％氟硅唑水乳剂拌种和 22.5％啶氧菌酯悬浮剂茎叶处理）的防病与增产效果有些不合常理，其最终防病效果不高，而产量较对照增产幅度却较大，是否与取样误差、生物补偿等因素有关，值得进一步研究。

第二十九章　覆膜加药剂处理对向日葵白锈病、黑茎病发生及产量的影响

一、材料与方法

（一）试验地及供试品种

试验地选择在新疆伊犁地区新源县向日葵白锈病、黑茎病发生地。
供试向日葵品种为油用型西部骆驼（NX01025）。

（二）试验设计

试验设计参考赵善欢（2000）、方中达（1998）、王宝山（2008）等的方法，设计覆膜加药剂处理，研究对向日葵白锈病、黑茎病及产量的影响。试验于 2015 年 5 月 12 日拌种，5 月 13 日覆膜播种。东西走向种植，株距 27cm，行距 50cm，小区长 6m，宽 3m，面积 18m²，每小区种植 6 行。

2015 年 6 月 19 日第一遍茎叶喷雾：22.5％啶氧菌酯（杜邦阿砣）悬浮剂 150mL/hm²＋64％芐霜·锰锌（杀毒矾）可湿性粉剂 150mL/hm²；7 月 1 日第二遍茎叶喷雾：70％甲基硫菌灵可湿性粉剂 300mL/hm²＋64％芐霜·锰锌（杀毒矾）可湿性粉剂 150mL/hm²。试验共 6 个处理，重复 3 次，各处理小区采用随机区组排列（表 29 - 1）。

表 29 - 1　试验药剂及其用药量

处理	拌种药剂	覆膜与否	茎叶处理
1	2.5％咯菌腈（适乐时）悬浮种衣剂按药剂种子重量比 1∶400 拌种	覆膜	
2	2.5％咯菌腈（适乐时）悬浮种衣剂按药剂种子重量比 1∶400 拌种	不覆膜	第一遍茎叶喷雾 22.5％啶氧菌酯（杜邦阿砣）悬浮剂 150mL/hm²＋64％芐霜·锰锌（杀毒矾）可湿性粉剂 150mL/hm²，对水 225L/hm²；
3	2.5％咯菌腈悬浮种衣剂＋1％精甲霜灵悬浮种衣剂（满适金）10mL 对水 100～200mL 拌种 6～8kg	覆膜	

（续）

处理	拌种药剂	覆膜与否	茎叶处理
4	2.5%咯菌腈悬浮种衣剂＋1%精甲霜灵悬浮种衣剂（满适金）10mL 对水 100～200mL 拌种 6～8kg	不覆膜	第二遍茎叶喷雾 70%甲基硫菌灵可湿性粉剂 300mL/hm² ＋64%苷霜·锰锌可湿性粉剂 150mL/hm²，对水 225L/hm²。
5	不拌种	不覆膜	
6（CK）	不拌种	不覆膜	不进行茎叶处理

（三）田间调查与数据统计

每小区第三、四行取样，每行取 5 株，共 10 株，挂牌标记进行定点调查，每株取上、中、下 3 个叶片，共计 30 个叶片。田间向日葵白锈病调查时间：6 月 19 日、7 月 1 日、7 月 9 日、7 月 21 日、8 月 5 日、8 月 19 日，数出其中有白锈病病斑的叶片数。在向日葵的苗期至成株期分 4 次（向日葵白锈病发病的初期、中期、盛期和末期）调查病害的发生情况，计算病情指数。

每小区第三、四行取样，每行取 5 株，共 10 株。向日葵黑茎病调查时间：7 月 20 日、8 月 5 日、8 月 18 日、8 月 31 日、9 月 7 日、9 月 24 日。调查其中的发病株数，并按以下病害分级标准进行病情分级及病情统计。测产时每小区随机取样 10 株，测得平均单株产量，再结合小区面积和小区株数，统计每小区产量。

向日葵白锈病病害分级标准

0 级：无病斑；

1 级：病斑面积占整个叶面积的 1/5 以下，形成褪绿黄斑；

3 级：病斑面积占整个叶面积的 1/5～2/5，形成隆起泡状褪绿黄斑；

5 级：病斑面积占整个叶面积的 2/5～3/5 内，形成隆起泡状褪绿黄斑，叶片枯黄；

7 级：病斑面积占整个叶面积的 3/5～4/5 内，形成隆起泡状褪绿黄斑，叶片枯黄脱落；

9 级：病斑面积占整个叶面积的 4/5 以上，形成隆起泡状褪绿黄斑，叶片干枯死亡脱落。

向日葵黑茎病病害分级标准

0 级：无病斑；

1 级：整株茎秆上的病斑个数为 1～5，形成黑褐色斑块，病斑大小长宽均为 0～3cm，无枯叶；

3 级：整株茎秆上的病斑个数为 6～10，形成黑褐色斑块，病斑大小长宽均为 3.1～6cm，无枯叶；

　　5 级：整株茎秆上的病斑个数为 11～15，形成黑褐色斑块，病斑大小长宽均为 6.1～9cm，有枯叶 1～5 片；

　　7 级：整株茎秆上的病斑个数为 16～20，形成黑褐色斑块，病斑大小长宽均为 9.1～12cm，有枯叶 6～10 片；

　　9 级：整株茎秆上的病斑个数为 20 以上，形成黑褐色斑块，病斑大小长宽均大于 12.1cm，有枯叶 11 片以上。

　　注释：向日葵黑茎病的级别由病斑个数和病斑大小决定。病斑个数为主要因素，病斑大小为次要因素。如病斑个数为 1 级，病斑大小为 3 级、5 级，只提高一个级别，即记载 3 级。如果病斑个数是 5 级，病斑大小是 1 级、3 级，下降一级，即记载 3 级。

二、结果与分析

(一) 向日葵白锈病病情调查

　　各处理向日葵白锈病平均病情指数及方差分析值，见表 29-2。

表 29-2　各处理向日葵白锈病（3 次重复）平均病情指数及方差分析（新源，2015）

处理	调查日期（月/日）						防效（%）	方差均值±标准差
	6/19	7/1	7/9	7/21	8/5	8/18		
1	2.10	7.66	8.52	10.74	11.56	13.33	17.42	9.587 8±3.855 3Cd
2	3.48	8.23	9.89	10.86	11.86	12.50	12.96	9.706 2±3.697 6BCcd
3	3.78	7.41	10.00	10.37	12.73	13.33	11.73	9.654 6±3.616 6BCcd
4	3.58	8.14	10.74	12.01	12.25	12.78	8.85	10.759 6±3.648 5ABCbc
5	3.43	10.25	11.12	12.30	12.56	13.10	3.86	10.827 9±3.888 2BCcd
6 (CK)	4.81	9.25	10.80	11.79	13.48	15.15	0.00	11.185 8±3.739 5Aa

　　注：表中同列中不同小写字母表示 $p=0.05$ 水平差异显著，不同大写字母表示 $p=0.01$ 水平差异显著，下同。

　　供试药剂在试验浓度条件下对向日葵出苗安全，与对照的向日葵植株长势一样，不产生药害。由表 29-2 调查数据可以看出，向日葵白锈病随着时间的推移病情指数呈逐渐上升的趋势，在前两次调查时病情指数上升较快，后期调查时病情指数上升趋势较缓慢，波动较小，在 8 月 18 日病情指数达到最高。对向日葵白锈病的防效排序为处理 1（17.42%）＞处理 2（12.96%）＞处理 3（11.73%）＞处理 4（8.85%）＞处理 5（3.86%）。方差分析显示，各处理

在 $p=0.05$ 的水平上处理 6 与其他 5 个处理差异显著，处理 1、处理 2、处理 3、处理 4、处理 5 之间差异不显著；在 $p=0.01$ 的水平上处理 6 与处理 1、处理 2、处理 3、处理 5 差异极显著，与处理 4 差异不显著，处理 2、处理 3、处理 4、处理 5 之间差异不显著；说明覆膜加药剂处理对向日葵白锈病有一定的控制作用，不进行任何处理的向日葵白锈病病情指数较高，均高于其他处理的病情指数。

（二）向日葵黑茎病病情调查

各处理向日葵黑茎病平均病情指数及方差分析值见表 29 - 3。

表 29 - 3　各处理向日葵黑茎病（3 次重复）平均病情指数及方差分析（新源，2015）

处理	调查日期（月/日）						防效（%）	方差均值±标准差
	7/21	8/5	8/18	8/31	9/7	9/24		
1	3.35	10.37	11.11	22.97	28.15	51.11	22.63	21.958 7±17.661 5Ab
2	4.52	11.85	11.11	26.67	28.15	52.59	17.86	22.863 9±18.052 7Aab
3	2.68	8.89	11.11	31.11	31.11	55.55	14.47	25.792 3±20.876 4Aab
4	3.12	10.00	11.11	21.48	34.82	58.52	15.33	25.055 2±21.874 9Aab
5	4.39	11.85	13.33	25.19	35.56	56.30	10.72	26.869 2±20.885 2Aab
6（CK）	4.59	7.41	12.22	28.15	37.04	74.81	0.00	28.461 9±27.639 0Aa

表 29 - 3 调查数据显示，药剂处理对向日葵黑茎病均有一定的防治效果，病情指数均低于处理 6。向日葵黑茎病病情指数随着时间的推移呈上升趋势，在前期调查时病情指数呈缓慢上升趋势，后期调查时病情指数上升较快，波动较大，在最后一次调查（9 月 24 日向日葵收获）时病情指数上升到最高。向日葵黑茎病的防效排序为处理 1（22.63%）＞处理 2（17.86%）＞处理 4（15.33%）＞处理 3（14.47%）＞处理 5（10.72%）。方差分析显示，各处理在 $p=0.05$ 水平上，处理 6 与处理 2、处理 3、处理 4、处理 5 差异不显著，与处理 1 差异显著，处理 2、处理 3、处理 4、处理 5 之间差异不显著；在 $p=0.01$ 水平上各处理之间差异均不显著，说明不进行任何处理的向日葵黑茎病病情指数较高，使用覆膜加药剂处理对向日葵黑茎病有显著的控制作用，其中以 2.5%咯菌腈（适乐时）悬浮种衣剂拌种效果较好。

（三）向日葵茎秆周长和花盘直径调查

各处理向日葵平均周长和花盘直径及方差分析值见表 29 - 4。

表 29 - 4　各处理向日葵平均茎秆周长、花盘直径及方差分析（新源，2015）

处理	茎秆周长（cm）			方差均值±标准差	花盘直径（cm）			方差均值±标准差
	重复一	重复二	重复三		重复一	重复二	重复三	
1	9.41	10.10	15.11	11.785 2±3.100 5Aa	16.91	17.45	21.28	20.223 5±2.592 5Aa
2	8.78	9.68	9.76	9.406 7±0.544 2Aab	16.05	18.64	19.53	19.696 4±1.851 0Aa
3	9.23	9.85	10.58	11.009 8±0.794 3Aab	15.20	17.55	22.00	18.542 0±3.615 9Aa
4	9.39	9.49	9.72	9.838 4±0.175 1Aab	16.82	17.33	18.48	18.392 3±0.882 1Aa
5	8.96	9.67	9.78	10.188 7±0.227 0Aab	16.93	18.23	19.58	18.538 6±1.387 4Aa
6 (CK)	8.56	8.79	9.00	9.178 6±0.235 0Ab	16.98	17.39	17.02	18.692 5±0.243 6Aa

表 29 - 4 实测数据显示，向日葵植株茎秆周长处理 1 最大，各处理在 $p=0.05$ 水平上，处理 1 与处理 6 差异显著，与其他 4 个处理差异不显著，处理 2、处理 3、处理 4、处理 5 之间差异不显著；在 $p=0.01$ 水平上差异均不显著。向日葵花盘直径也是处理 1 最大，各处理在 $p=0.05$ 和 $p=0.01$ 水平上差异均不显著。通过数据比较和方差分析可知，向日葵茎秆周长表现为处理 1＞处理 3＞处理 5＞处理 4＞处理 2＞处理 6；花盘直径表现为处理 1＞处理 2＞处理 6＞处理 3＞处理 5＞处理 4；各处理的向日葵茎秆周长均高于处理 6，花盘直径仅有处理 1 和处理 2 高于处理 6 和其他处理。说明覆膜加药剂处理对向日葵茎秆周长、花盘直径都有一定的影响，使各处理向日葵植株的茎秆增粗，使处理 1、处理 2 的花盘直径变大。

(四) 向日葵的产量、方差分析及增产率

各处理向日葵的产量、方差分析值及增产率见表 29 - 5。

表 29 - 5　向日葵的产量、方差分析结果及增产率（新源，2015）

处理	产量			方差均值±标准差	较处理 6 增产（kg/hm²）	增产率（%）
	重复一（kg/hm²）	重复二（kg/hm²）	重复三（kg/hm²）			
1	3 187.50	3 525.00	3 600.00	3 658.915 7±244.672 3Aa	275.37	8.14
2	3 375.00	3 243.75	3 525.00	3 563.961 0±152.285 7Aa	180.41	5.33
3	3 487.50	3 412.50	3 450.00	3 635.882 2±57.712 0Aa	252.34	7.46
4	3 525.00	3 187.50	3 075.00	3 219.703 1±320.108 4Aa	-163.84	-4.84
5	2 906.25	3 093.75	3 375.00	3 143.750 1±237.347 9Aa	-239.80	-7.09
6 (CK)	3 187.50	3 093.75	3 300.00	3 383.546 6±106.940 5Aa	0.00	0.00

表 29-5 实测产量数据显示，向日葵产量处理 1＞处理 3＞处理 2＞处理 6＞处理 4＞处理 5；方差分析结果可知，在 $p=0.05$ 和 $p=0.01$ 水平上，各处理之间差异不显著。通过增产率数据可知：与处理 6 相比，处理 1 的增产率最高，为 8.14%，增产 275.37kg/hm²，其次是处理 3，增产率为 7.46%，增产 252.34 kg/hm²，说明覆膜加药剂处理对向日葵有一定的增产作用。

三、结论与讨论

供试药剂在试验浓度条件下对向日葵出苗安全，不产生药害。

综合向日葵白锈病病情指数和防效、黑茎病病情指数和防效、茎秆周长、花盘直径、产量数据及方差分析可知，试验中的覆膜加药剂处理对向日葵白锈病、黑茎病均有一定的防治效果，不进行任何处理的病情指数（处理 6）＞仅做茎叶处理的病情指数（处理 5）＞咯菌腈＋精甲霜灵（满适金）拌种加药剂处理的病情指数（处理 4、处理 3）＞2.5% 咯菌腈（适乐时）悬浮种衣剂拌种加药剂处理的病情指数（处理 2、处理 1）；不覆膜的病情指数（处理 4、处理 2）＞覆膜的病情指数（处理 3、处理 1），其中，处理 1 [使用 2.5% 咯菌腈（适乐时）悬浮种衣剂按药剂与种子重量比 1：400 拌种＋覆膜＋2 遍茎叶喷雾，第一遍茎叶喷雾 22.5% 啶氧菌酯（杜邦阿砣）悬浮剂 150mL/hm²＋64% 莐霜·锰锌（杀毒矾）可湿性粉剂 150mL/hm²，对水 225L/hm²；第二遍茎叶喷雾 70% 甲基硫菌灵可湿性粉剂 300mL/hm²＋64% 莐霜·锰锌可湿性粉剂 150mL/hm²，对水 225L/hm²] 效果最好。两种拌种药剂 2.5% 咯菌腈悬浮种衣剂优于咯菌腈＋精甲霜灵（满适金）。

覆膜加药剂拌种对向日葵有一定的增产效果，相对于处理 6（CK），处理 1 的防病增产效果最佳，增产率为 8.14%，增产 275.37kg/hm²，（处理 2 增产 180.41kg/hm²、处理 3 增产 252.34kg/hm²、处理 4 减产 163.84kg/hm²、处理 5 减产 239.80kg/hm²）。可以看出，覆膜加药剂处理对向日葵有一定的增产作用。通过试验结果，建议生产中种植向日葵时，不光要注重茎叶喷雾，也要在播种前对向日葵种子进行拌种，可减轻向日葵白锈病、黑茎病的发生。在有条件的基础上，可以采用"拌种＋覆膜＋茎叶喷雾"的模式种植向日葵，拌种药剂用 2.5% 咯菌腈悬浮种衣剂按药剂与种子重量比 1：400 拌种、茎叶喷雾药剂 22.5% 啶氧菌酯（杜邦阿砣）悬浮剂 150mL/hm²、64% 莐霜·锰锌可湿性粉剂 150mL/hm²、70% 甲基硫菌灵可湿性粉剂 300mL/hm² 效果最佳，可有效控制向日葵白锈病、黑茎病的发生，提高向日葵的产量，是生产中种植向日葵可采取的有效措施之一。

第三十章

向日葵黑茎病研究的基本方法

一、分离培养方法

（一）实验材料前处理

田间采集的材料，用自来水充分冲洗，取病健交界茎部组织，剪成约 0.4cm×0.4cm 小段，用 1.0% 次氯酸钠溶液消毒 5min，无菌水冲洗 3 次，灭菌滤纸吸干水分后培养。

挑选出的植株残体剪成 0.4cm×0.4cm 小块，用纱布包好，整粒可疑种子用纱布包好，放入 1.0% 次氯酸钠溶液中，消毒 5min，灭菌水冲洗 3 次，种子于无菌条件下 25℃ 保湿放置 24h，再在 −20℃ 下冰冻 24h 后培养，经表面消毒后的植株残体，用灭菌滤纸吸干水分直接培养。

（二）病菌分离培养

前处理后的实验材料置于 APDA 选择性培养基平板上，每皿放置 3~4 粒（块），25℃，12h 光照黑暗交替培养。培养 3d 后开始观察，发现乳白色或白色可疑菌落，立即用 APDA 分离纯化，并在无菌条件下挑取少许制片，显微镜下观测菌丝形态和有无分生孢子器产生。记录菌落培养性状，包括菌落生长速度、颜色、形状等，在显微镜下测量记录分生孢子器、分生孢子的形状及大小等。

二、基因组 DNA 提取方法

可疑菌株在 APDA 上生长 7d 左右，取菌丝提取 DNA，也可用植物组织及真菌基因组提取试剂盒提取 DNA，提取步骤如下：

挑取菌丝约 0.1g，用灭菌滤纸吸干水分，放入 1.5mL 离心管中，加液氮冷冻，用塑料杆磨碎菌丝，待用。

离心管中加入 400~500μL CTAB 缓冲液和 0.1g 蛋白酶 K，混匀，65℃ 水浴 1h，14 000 g 离心 5min，保留上清液。

取上清液，加 500μL 的 Tris 饱和酚、三氯甲烷、异戊醇（25∶24∶1）混匀，14 000 g 离心 5min。

取上清液，加入 1mL 异丙醇混匀，-70℃下静置 1h，或-20℃过夜；13 000 g 离心 10min，可见 DNA 沉淀。

弃去上清液，冷 70％乙醇洗 DNA 沉淀 2 次，室温干燥；用 30～50μL Tris－EDTA 缓冲液溶解 DNA。

三、病害分级标准

0 级：无病斑；

1 级：整株茎秆上的病斑个数为 1～5，形成黑褐色斑块，病斑大小长宽均为 0～3cm，无枯叶；

3 级：整株茎秆上的病斑个数为 6～10，形成黑褐色斑块，病斑大小长宽均为 3.1～6cm，无枯叶；

5 级：整株茎秆上的病斑个数为 11～15，形成黑褐色斑块，病斑大小长宽均为 6.1～9cm，有枯叶 1～5 片；

7 级：整株茎秆上的病斑个数为 16～20，形成黑褐色斑块，病斑大小长宽均为 9.1～12cm，有枯叶 6～10 片；

9 级：整株茎秆上的病斑个数为 20 以上，形成黑褐色斑块，病斑大小长宽均大于 12.1cm，有枯叶 11 片以上。

注释：向日葵黑茎病的级别由病斑个数和病斑大小决定。病斑个数为主要因素，病斑大小为次要因素。如病斑个数为 1 级，病斑大小为 3 级、5 级，只提高一个级别，即记载 3 级。如果病斑个数是 5 级，病斑大小是 1 级、3 级，下降一级，即记载 3 级。

$$发病率 = \frac{发病株数}{调查总株数} \times 100\%$$

$$病情指数 = \frac{\sum(各级病叶数 \times 相对级数值)}{调查株数 \times 最高级数} \times 100$$

$$防效 = \frac{对照病情指数 - 处理病情指数}{对照病情指数} \times 100\%$$

$$增产率 = \frac{处理产量 - 对照产量}{对照产量} \times 100\%$$

$$相对抗病指数 = \frac{鉴定品种的平均病情指数}{对照品种病情指数}(病情指数最高的为对照品种)$$

$$抗病性指数 = 1 - 相对抗病性指数$$

四、抗病性评价值法

采用相对抗病性评价方法，评价抗病程度。抗病程度分为：

免疫（I）：抗病性指数为 1.00；

高抗（HR）：抗病性指数为 0.80～0.99；

中抗（MR）：抗病性指数为 0.40～0.79；

中感（MS）：抗病性指数为 0.20～0.39；

高感（HS）：抗病性指数为 0.20 以下。

五、向日葵黑茎病流行程度分级标准

0 级：无向日葵黑茎病发生；

1 级：轻度发生，病株率小于 10％，向日葵茎秆上有病斑；

2 级：中度偏轻发生，病株率为 11％～20％，向日葵茎秆上病斑连片发生；

3 级：中度发生，病株率 21％～50％，植株部分枯死；

4 级：中度偏重发生，病株率 51％～70％，植株部分枯死、倒伏；

5 级：大发生，病株率 71％～100％，植株几乎全部枯死、倒伏。

主要参考文献

白金铠，1998. 中国真菌志：球壳孢目 [M]. 北京：科学出版社.

白剑宇，王登元，王晓鸣，2011. 向日葵茎点霉黑茎病的发生与鉴定 [M]. 郭泽建，侯明生. 中国植物病理学会 2011 年学术年会论文集. 北京：中国农业科学技术出版社：210.

ＢＭ库克，Ｄ加雷思·琼斯，Ｂ凯，2009. 植物病害流行学 [M]. 北京：科学出版社.

曹孟梁，2008. 国内向日葵发展概况及经济价值 [J]. 山西农业 (16)：19 - 20.

曹雄，赵君，2011. 向日葵黑茎病病原菌的鉴定和向日葵品种抗黑茎病的室内鉴定 [C] // 郭泽建，侯明生. 中国植物病理学会 2011 年学术年会论文集. 北京：中国农业科学技术出版社：147.

陈卫民，郭庆元，宋红梅，等，2008. 国内新病害——向日葵茎点霉黑茎病在新疆伊犁河谷的发生初报 [J]. 云南农业大学学报，23 (5)：609 - 612.

陈卫民，郭庆元，张映合，2010. 向日葵黑茎病在新疆发生危害与防控技术研究 [C]. 中国植物保护学会生物入侵分会. 全球变化与生物入侵，第三届全国生物入侵大会论文摘要集. 北京：中国农业科学技术出版社：435.

陈卫民，李俊兴，轩娅萍，等，2011. 向日葵黑茎病发病规律及综合防治技术研究 [J]. 新疆农业科学，48 (2)：241 - 245.

陈卫民，2010. 新疆外来入侵有害生物 [M]. 北京：科学普及出版社.

陈卫民，2008. 新疆向日葵有害生物 [M]. 北京：科学普及出版社.

陈卫民，廖国江，陈庆宽，等，2011. 外来入侵有害生物——向日葵黑茎病发生与气象因子关系的研究 [J]. 植物检疫，28 (1)：43 - 47.

陈卫民，古丽，王华，等，2011. 3 种杀菌剂拌种防治向日葵黑茎病药效试验研究 [J]. 现代农药，10 (3)：50 - 52.

陈卫民，张新建，郭庆元，等，2010. 4 种杀菌剂对向日葵黑茎病的田间防治效果 [J]. 现代农药，9 (5)：51 - 53.

陈卫民，宋红梅，郭庆元，等，2008. 新疆伊犁河谷发现向日葵黑茎病 [J]. 植物检疫，22 (3)：176 - 178.

陈卫民，张金霞，马福杰，等，2013. 新疆新源县 32 个向日葵品种对黑茎病和白锈病抗性鉴定 [J]. 农业科技通讯，5：105 - 108.

陈卫民，马福杰，李秀琴，等，2008. 向日葵黑茎病种子带菌检测初步研究 [C] // 彭友良，王振中. 中国植物病理学会 2008 年学术年会论文集. 北京：中国农业科学技术出版社，633 - 636.

陈卫民，郭庆元，2010. 新疆伊犁河谷特克斯县向日葵不同品种黑茎病田间抗病性研究 [C] // 关孔明，等. 公共植保与绿色防控. 北京：中国农业科学技术出版社，194 - 198.

陈卫民，王文河，李秀琴，等，2008. 新疆三种向日葵外来入侵有害生物的发生与危害

［C］//中国植物保护学会生物入侵分会. 第二届全国生物入侵学术研讨会论文摘要集.
北京：中国农业科学技术出版社，50－53.

陈卫民，张中义，马俊义，等，2006. 国内新病害——新疆向日葵白锈病发生研究［J］.
云南农业大学学报，21（2）：184－187.

陈卫民，2013. 我国向日葵白锈病发生概况及研究进展［J］. 植物检疫，27（6）：13－19.

陈卫民，乾义柯，李秀琴，2014. 向日葵白锈病菌的 Padlock 探针及检测方法研究［J］.
植物检疫，28（3）：38－42.

陈卫民，宋红梅，焦子伟，等，2005. 五种药剂防治油葵白锈病试验初报［J］. 新疆农业
科学（42）：237－239.

陈卫民，2008. 新疆伊犁河谷向日葵白锈病发生规律及防治技术研究［D］. 乌鲁木齐：新
疆农业大学.

陈卫民，廖国江，杨莉，等，2010. 向日葵白锈病发生与气象因子关系的研究［J］. 农业
科技通讯，（10）：66－68.

陈卫民，郭庆元，宋红梅，2007. 35％金捕隆悬浮种衣剂对向日葵白锈病的拌种药效试验
［J］. 科技信息：科学教研（14）：222、113.

陈卫民，郭庆元，焦子伟，2008. 六种杀菌剂对向日葵白锈病的田间防治效果［J］. 新疆
农业科学，45（1）：120－122.

陈卫民，段永辉，李俊兴，等，2010. 新疆伊犁河谷向日葵病害发生种类与综合防治技术
［J］. 作物杂志，5：89－92.

陈卫民，马俊义，缪卫国，等，2004. 新疆向日葵白锈病与防治［J］. 新疆农业科学，41
（5）：361－362.

戴芳澜，1973. 中国真菌总汇［M］. 北京：科学出版社.

邓叔群，1963. 中国的真菌［M］. 北京：科学出版社.

方中达，1998. 植病研究方法［M］. 第 3 版. 北京：中国农业出版社.

高希武，1997. 农药原理与应用［M］. 北京：新时代出版社.

高谊，那木苏，2013. 2013 年向日葵白锈病在博州的发病因素浅析［J］. 中国植保导刊
（10）：67－68.

韩乃勇，2005. 油葵主要病害的识别与防治［J］. 新疆农业科技（2）：25－26.

黄留玉，2005. PCR 最新技术原理、方法及应用［M］. 北京：化学工业出版社.

贾菊生，胡守智，等，1994. 新疆经济植物真菌病害志［M］. 乌鲁木齐：新疆科技卫生出
版社.

贾菊生，胡守智，等，2006. 新疆油料作物真菌病害及防治［M］. 乌鲁木齐：新疆科学技
术出版社.

蒋青，梁忆冰，王乃杨，等，1995. 有害生物危险性评价的定量分析方法研究［J］. 植物
检疫，9（4）：208－211.

焦子伟，陈卫民，夏正汉，等，2005. 伊犁河谷新传入的有害生物分布、危害程度及应对
措施［J］. 新疆农业科学，42（增）：230－233.

李玉发，等，2010. 我国向日葵产业发展与科研工作的策略［J］. 山东农业科学（11）：

122－124.

李振岐，商鸿生，等，2005. 中国农作物抗病性及其利用［M］. 北京：中国农业出版社.

李征杰，章柱，任毓忠，等，2004. 伊犁地区向日葵白锈病的初步研究［J］. 作物杂志，19（3）：90－91.

联合国粮农组织国际植物保护公约秘书处. 1996. 有害生物风险分析准则［R］. 罗马.

林万明，1993. PCR 技术操作与应用指南［M］. 北京：人民军医出版社.

刘彬，张祥林，王翀，等，2011. 向日葵白锈病菌巢式 PCR 检测方法的研究［J］. 新疆农业科学，48（5）：859－863.

刘彬，2011. 新疆向日葵上两种检疫性病原菌生物学特性及快速检测技术研究［D］. 乌鲁木齐：新疆农业大学.

刘彬，张祥林，王翀，等，2011. 不同营养和培养条件对向日葵黑茎病菌生长特性的影响［J］. 新疆农业科学，48（2）：271－277.

刘宫社，1994. 向日葵研究与开发［M］. 北京：中国科学技术出版社.

刘双平，袁亮，胡俊，2006. 内蒙古向日葵病害种类及研究概况［C］//彭友良，等. 中国植物病理学会 2006 年学术年会论文集. 北京：中国农业科学技术出版社.

刘惕若，1983. 油料作物病害及其防治［M］. 上海：上海科学技术出版社.

陆家云，2001. 植物病原真菌学［M］. 北京：中国农业出版社.

马福杰，陈卫民，蔡吉伦，等，2010. 新疆新源县向日葵黑茎病暴发流行的原因及防治对策［J］. 农业科技通讯，465（9）：92－94.

农业部，国家质量监督检验检疫总局，2010. 向日葵黑茎病列入《中华人民共和国进境植物检疫有害生物名录》［OL］. http：//www. foodqs. cn/news/zcfg 03/2010112615340487. htm.

农业部农药检定所，1989. 新编农药手册［M］. 北京：农业出版社.

农业部公告第 86 号. 2007. 中华人民共和国进境植物检疫性有害生物目录［R］. 北京：农业部 5，29.

潘颖慧，薛丽静，梁秀丽，等，2010. 向日葵主要病害及防治方法［J］. 吉林农业（4）：74－75.

全国农业技术推广服务中心，2005. 潜在的植物检疫性有害生物图鉴［M］. 北京：中国农业出版社.

冉俊祥，1991. 向日葵病害种类分布和防治［J］. 国外农学——向日葵（4）：17.

商鸿生，胡小平，2001. 向日葵检疫性有害生物［J］. 植物检疫，15（3）：152－154.

商鸿生，王凤葵，胡小平，2014. 向日葵病虫害诊断及防治技术［M］. 北京：金盾出版社.

宋娜，陈卫民，杨家荣，等，2012. 向日葵黑茎病菌的快速分子检测［J］. 菌物学报，31（4）：630－638.

宋红梅，陈卫民，汪贵山，等，2006. 新疆伊犁河谷新源县向日葵不同品种白锈病田间抗病性研究［C］//成卓敏，等. 科技创新与绿色植保. 北京：中国农业科学技术出版社，174－176.

孙广宇，宗兆锋，2002. 植物病理学实验技术［M］. 北京：中国农业出版社.

万方浩，彭德良，王瑞，2010. 生物入侵：预警篇［M］. 北京：科学普及出版社.

汪贵山，陈卫民，宋红梅，等，2007. 几种药剂防治向日葵白锈病药效比较［J］. 新疆农业科技，3：38.

王荣栋，尹经章，1997. 作物栽培学［M］. 乌鲁木齐：新疆科技卫生出版社.

王险峰，2003. 进口农药应用手册［M］. 北京：中国农业出版社.

魏景超，1979. 真菌鉴定手册［M］. 上海：上海科学技术出版社.

武殿林，1992. 中国向日葵带及其开发之探讨［J］. 山西农业科学（10）：14-15.

夏正汉，2002. 新疆新源县发现油葵白锈病［J］. 植保技术与推广（16）：9.

谢浩，马俊义，崔元宇，1999. 新疆植物病理学研究与实践［M］. 乌鲁木齐：新疆人民出版社.

新疆维吾尔自治区统计局，2000. 新疆维吾尔自治区统计年鉴——2000［M］. 北京：中国统计出版社.

新疆维吾尔自治区统计局，2001. 新疆维吾尔自治区统计年鉴——2001［M］. 北京：中国统计出版社.

新疆维吾尔自治区统计局，2002. 新疆维吾尔自治区统计年鉴——2002［M］. 北京：中国统计出版社.

新疆维吾尔自治区统计局，2003. 新疆维吾尔自治区统计年鉴——2003［M］. 北京：中国统计出版社.

新疆维吾尔自治区统计局，2004. 新疆维吾尔自治区统计年鉴——2004［M］. 北京：中国统计出版社.

新疆维吾尔自治区统计局，2005. 新疆维吾尔自治区统计年鉴——2005［M］. 北京：中国统计出版社.

新疆维吾尔自治区统计局，2006. 新疆维吾尔自治区统计年鉴——2006［M］. 北京：中国统计出版社.

新疆维吾尔自治区统计局，2007. 新疆维吾尔自治区统计年鉴——2007［M］. 北京：中国统计出版社.

新疆维吾尔自治区统计局，2008. 新疆维吾尔自治区统计年鉴——2008［M］. 北京：中国统计出版社.

新疆维吾尔自治区统计局，2009. 新疆维吾尔自治区统计年鉴——2009［M］. 北京：中国统计出版社.

新疆维吾尔自治区统计局，2011. 新疆维吾尔自治区统计年鉴——2010［M］. 北京：中国统计出版社.

新疆维吾尔自治区统计局，2012. 新疆维吾尔自治区统计年鉴——2011［M］. 北京：中国统计出版社.

新疆维吾尔自治区统计局，2013. 新疆维吾尔自治区统计年鉴——2012［M］. 北京：中国统计出版社.

新疆维吾尔自治区统计局，2014. 新疆维吾尔自治区统计年鉴——2013［M］. 北京：中国统计出版社.

新疆农业科学院植物保护研究所，1995. 新疆维吾尔自治区经济作物病虫害防治 [M]. 乌鲁木齐：新疆科技卫生出版社.

邢岩，孟繁东，2001. 最新进口农药使用技术 [M]. 沈阳：辽宁科学技术出版社.

轩娅萍，郭庆元，吴喜莲，2011. 向日葵黑茎病菌生物学特性及致病性研究 [J]. 新疆农业大学学报，34（6）：592-599.

轩娅萍，2012. 向日葵黑茎病发生分布、分子检测及控制措施研究 [D]. 乌鲁木齐：新疆农业大学.

尹玉琦，李国英，1995. 新疆农作物病害 [M]. 乌鲁木齐：新疆科技卫生出版社.

余永年，1998. 中国真菌志：霜霉 [M]. 北京：科学出版社.

余知和，程云方，王玉玺，等，2011. 向日葵主要真菌病害发生概况及其潜在风险分析 [J]. 植物保护，37（6）：148-152.

张金霞，陈卫民，2012. 外来入侵有害生物——向日葵白锈病在新疆的风险性评估 [C] // 吴孔明，等. 植保科技创新与现代农业建设：中国植物保护学会成立50周年庆祝大会暨2012年学术年会论文集. 北京：中国农业科学技术出版社：67-71.

张金霞，尤娴，陈卫民，等，2012. 新疆特克斯县23个向日葵不同品种黑茎病田间抗性鉴定 [C] //吴孔明，等. 植保科技创新与现代农业建设：中国植物保护学会50周年庆祝大会暨2012年学术年会论文集. 北京：中国农业科学技术出版社：72-77.

张祥林，刘彬，王翀，等，2011. 向日葵黑茎病菌分离鉴定及其 RFLP 分析 [J]. 新疆农业科学，48（2）：204-209.

张祥林，张伟，吴卫，2012. 新疆植物检疫性有害生物 [M]. 北京：中国质检出版社.

张映合，陈卫民，2011. 向日葵黑茎病在新疆的风险评估 [C] //郭泽建，侯明生，等. 中国植物病理学会2011年学术年会论文集. 北京：中国科学技术出版社：148-152.

张中义，冷怀琼，张志铭，等，1988. 植物病原真菌学 [M]. 成都：四川科学技术出版社.

章正，林石明，肖悦岩，等，2011. 植物种传病害与检疫 [M]. 北京：中国农业出版社.

赵善欢，2000. 植物化学保护 [M]. 第3版. 北京：中国农业出版社.

赵震宇，郭庆元，2012. 新疆植物病害识别手册 [M]. 北京：中国农业出版社.

中国农业百科全书总编辑委员会，1996. 中国农业百科全书：植物病理学卷 [M]. 北京：农业出版社.

ABOU A l FADIT T G, DECHAMP - GUILLAUME S K, POORMOHAMMAD, 2004. Genetic variability and heritability for resistance to black stem (*Phoma macdonaldii*) in sunflower (*Helianthus annuus* L.) [J]. Journal of Genetic and Breeding (58)：323-328.

ACIMIMOVIC M, 1984. Sunflower diseases in Europe. The UnitedStares and Australia 1981-1983 [J]. Helia (7)：45-54.

AL - CHAARANI G, ROUSTAEE A, GENTZBITTEL L, et al, 2002. A QTL analysis of sunflower partial resistance to downy mildew (*Plasmopara halstedii*) and black stem (*Phoma macdonaldii*) by the use of recombinant inbred lines (RILS) [J]. Theoretical and Applied Genetics, 104 (2/3)：490-496.

AL - FADIL T A, DARVISHZADEH R, ALIGNAN M, et al, 2006. Adaptability and virulence specificity in French isolates of *Phoma macdonaldii* on sunflower [J] . Journal of Genetics & Breeding, 60 (3/4): 217 – 228.

AL – FADIL T A, DECHAMP – GUILLAUME G, DARVISHZADEH R, et al, 2007. Genetic control of partial resistance to 'collar' and 'root' isolates of *Phoma macdonaldii* in sunflower [J] . European journal of plant pathology, 117 (4): 341 – 346.

AL – FADIL T A, JAUNEAU A, MARTINEZ Y, et al, 2009. Characterisation of sunflower root colonisation by *Phoma macdonaldii* [J] . European Jouranl of Plant Pathology, 124 (1): 93 – 103.

AL – FADIL T A, KIANI S P, DECHAMP – GUILLAUME G, et al, 2007. QTL mapping of partial resistance to phoma basal stem and root necrosis in sunflower (*Helianthus annuus* L.) [J] . Plant Science, 127 (4): 815 – 823.

ALIGNAN M, HEWEZI T, PETITPREZ M, et al, 2006. A cDNA microarray approach to decipher sunflower (*Helianthus annuus* L.) responses to the necrotrophic fungus *Phoma macdonaldii* [J] . New Phytologist, 170 (3): 523 – 536.

ALLEN S J, BROWN J F, 1980. White blister, petiole greying and defoliation of sunlowers caused by *Albugo tragopogonis* [J] . Australasian Plant Pathology, 9 (1): 809.

AMERICAN PHYTOPATHOLOGICAL SOCITY, 2002. First report of *Albugo tragopogonis* on cultivated sunflower in Nouth American [M] . Source Plantdisease. St. Paul: (APS Press), 86: 5, 559. 3Ref.

AMICUCCI A, ZAMBONELLI A, GIOMARO G, 1998. Identification of ectomycorrhizalfungi of the genus tuber [J] . Mol Ecol, 7 (3): 273 – 277.

BERT P F, DECHAMP – GUILLAUME G, SERRE F, et al, 2004. Comparative genetic analysis of quantitative traits in sunflower (*Helianthus annuus* L.) – 3. Characterisation of QTL involved resistance to *Sclerotiania sclerotiorum* and *Phoma macdonaldii* [J] . Theoretical and Applied Genetics, 109 (4): 865 – 874.

BOEREMA G H, 1970. Additional notes on *Phoma herbarum* [J] . Persoonia (6): 15 – 48.

BOEREMA G H, GRUYTER J D E, NOORDELOOS M E, et al, 2004. *Phoma* identification manual [M] . UK: CABI Publishing: 364 – 366.

CARSON M L, 1991. Relationship between *Phoma* black stem severity and yield losses in hybrid sunflower [J] . Plant Disease, 75: 1150 – 1153.

CHURCH H A, MCCARTNEY, 1995. Occurrence of Verticillium dahliae on sunflower (*Helianthus annuus* L.) in the UK [J] . Annals of Applied Biology (127): 49 – 56.

DARVISHZADEH R, DECHAMP – GUILLAUME G, HEWEZI T, 2007. Genotype – isolate interaction for resistance to black stem in sunflower (*Helianthus annuus* L.) [J] . Plant Pathology, 56 (4): 654 – 660.

DARVISHZADEH R, KIANI S P, DECHAMP – GUILLAUME G, 2007. Quantitative trait loci associated with isolate specific and isolate nonspecific partial resistance to *Phoma macdonaldii* in sunflower [J]. Plant Pathology, 56 (5): 855 – 861.

DARVISHZADEH R, KIANI S P, HUGUET P T, et al, 2008. Genetic variation and identification of molecular markers associated with partial resistance to *Phoma macdonaldii* in gamma – irradiation – induced mutants of sunflower [J]. Canadian Journal of Plant Pathology, 30 (1): 106 – 114.

DARVISHZADEH R, SARRAFI A, 2007. Genetic analysis of partial resistance to black Stem (*Phoma macdonaldii*) in sunflower as measured by a seedling test [J]. Plant Breeding, 26 (3): 334 – 336.

DEBAEKE P, PERES A, 2003. Influence of sunflower (*Helianthus annuus* L.) crop management on *Phoma* black stem (*Phoma macdonaldii* Boerema.) [J]. Crop Protection, 22: 741 – 752.

DONALD P A, BUGBEE W M, VENETTE J R, 1986. First report of *Leptosphaeria lindquistii* (sexual stage of *Phoma macdonaldii*) on sunflower in North Dakota and Minnesota [J]. Plant Disease, 70 (4): 352.

DONALD P A, VENETTE J R, GULYA T J, 1987. Relationship between *Phoma macdonaldii* and premature death of sunflower in North Dakota [J]. Plant Disease, 71 (5): 466 – 468.

DUNCAN J, TORRANCE M L, 1992. Techniques for the rapid detection of plant pathogens [M]. UK: Blackwell Scientific Publications.

ENCHEVA J, CHRISTOV M, SHINDROVA P, et al, 2006. Disease resistance and combining ability of new sunflower restorer lines, developed from interspecific cross *Helianthus annuus* L. x *Helianthus salicifolius* [J]. Journal of Genetics & Breeding, 60 (2): 77 – 84.

FREZZI M J, 1968. *Leptosphaeria lindquistii*, forma sexual de *Phoma oleracea* var. *helianthi – tuberosi* Sacc., hongo causal de la "mancha negra del tallo" del girasol (*Helianthus annuus* L.) [J]. Argentina Pathology Vegetal (5): 73 – 80.

GANDEBOEUF D, DUPRE C, DREVET P, et al, 1997. Grouping and identificationof Tuber species using RAPD markers [J]. Can J Bot, 75 (1): 36 – 45.

GAUDET M D, SCHULZ. J T, 1984. Association between a sunflower fungal pathogen, *Phoma macdonaldii*, and a stem weevil, Apion (Coleoptera: Curculionidae) occidentale [J]. Canadian Entomologist (126): 1267 – 1273.

GEMA GARCI' A – BLA' ZQUEZ, MARKUS GO'' KER, HERMANN VOGLMAYR, et al, 2008. Phylogeny of peronospora, parasitic on Fabaceae, based on ITS sequences [J]. Mycological Research, 112: 502 – 512.

GENTZBITTEL L, VEAR F, ZHANG Y X, 1995. Acomposite map of expressed sequences and phenotypic traits of the sunflower (*Helianthus annuus* L.) genome [J]. Theor ApplGenet (90): 1079 – 1086.

GOKER M, VOGLMAYR H, RIETHMULLER A, et al, 2008. Taxonomic aspects of

Peronosporaceae inferred from Bayesian molecular phylogenetics [J] . Con. J. Bot, 81: 672 - 683.

GOKER M, VOGLMAYR H, RIETHMULLER A, et al, 2007. How doobligate parasites evolve a multi - gene phyligenetic analysis of downy mildews [J] . Fungal Genetics and Biology, 44: 105 - 122.

GUKER M, RIERHMULLER A, VOGLMAYR H, et al, 2004. Phylogeny of Hyaloperonospora based on nuclear ribosomal internaltranscribed spacer sequences [J] . Mycological Progress, 3 (2): 83 - 94.

HAMBLETON S, EGGER K N, CURRAH R S, 1998. The genus Oidiodendron : species delimitation and phylogenetic relationships based on nuclear ribosomal DNA analysis [J] . Mycologia, 90 (5): 851 - 869.

HERR L J, LIPPS P E, WALTERS B H, 1983. Diaporthe stem canker of sunflower [J] . Plant Disease , 67: 911 - 913.

HERR L J, LIPPS P E, WATTERS B L, 1983. Diaporthe stem canker of sunflower. New diseases and epidemics [J] . Plant Disease, 8: 911 - 913.

HIBBETTTD S, FUKNASA NAKALY, TSUNEDA A, et al, 1995. Phylogenetic diversity in shiitake inferred from nuclear ribosomal DNA sequences [J] . Mycologia, 87 (5): 618 - 638.

HU J G, VICK B A, 2003. Target region amplification polymorphism: a novel marker technique for plant genetuping [J] . Plant Mol Biol Rep, 21: 289 - 294.

KEELING B L, 1982. A seeding test for resistance to soybean stem caker caused by *Diaporthe phaseolorum* var. *caulivora* [J] . Phytopathology, 72: 807 - 809.

KOLTE S J, 1985. Diseases of Annual Edible Oilseed Crops, Volume III . Sunflower Safflower and Nigerseed Diseases [M] . Florida: CRC Press.

KOLTE S J, DURANTE M, VANNOZZI G P, 2002. The role of biotechnologies in the development of sunflower cultures in the World [J] . Helia, 25 (36): 1 - 28.

KRVGER H A, VILJOEN P S, 1999. Van Wyk 1999 Histopathology of *Albugo tragopogonis* on Stens and petioles of sunflower [J] . Can. J. Bot, 77 (1): 175 - 178.

LARFEIL C, DECHAMPS - GUILLAUME G, Barrault G, 2002. *Phoma macdonaldii* Boerema/*Helianthus annuus* L. interaction [J] . Helia, 36: 153 - 160.

LI G, QUIROS C F, 2001. Sequence - related amplification polymorphism (SRAP), a now marker system based on a simple PRC reaction: its application to mapping and gene tagging in Brassica [J] . Theor Appl genet, 103: 455 - 461.

LIU L, LI X, 1988. The geographical distribution of sunflower diseases in China [J] . Plant Pathology, 37: 470 - 474.

LUO J F, WU P S, LIU Y T, et al, 2011. Detection and identification of *Phoma macdonaldii* in sunflower seeds imported from Argentina [J] . Australasian Plant Pathology, 40: 504 - 509.

MADJIDIEH – GHASSEMI S，1988. Studies on some important fungal diseases of sunflower in Iran [C] //Proc. 12th Int. Sunflower Conf. Orgainizing Committee of the 12th Int International Sunflower Conference，Novi-sad，Yugoslavia：22 – 23.

MARIC A，CAMPRAG D，MASIREVIC S，1988. Sunflower black stem (In Serbo – Croatian) [M] . Nolit Beograd，Yugoslavia：37 – 45.

MARIC A，SCHNEIDER R，1979. Black spot of sunflowers in Yugoslavia and its causal agent Phoma macdonaldii Boerema [J] . Phytopa – thol. Zeitschrift (94)：226 – 233.

MCDONALD W C，1964. Phoma black stem of sunflower [J] . Phytopathology，54：492 – 493.

MIRIC E，AITKEN E A B，GOULTER K C，1999. Identification in Australia of the quarantine pathogen of sunflower Phoma macdonaldii (Teleomorph：Leptosphaeria lindquistii) [J] . Australian Journal of Agricultural Research，50：325 – 332.

MIRLEAU – THEBAUD，SCHEINER J D，DAYDE J. 2011. Influence of soil tillage and Phoma macdonaldii on sunflower (Helianthus annuus L.) yield and oil quality [J] . FYTON (80)：203 – 209.

MUKHTAE I，2009. Sunflower disease and insect spests in Pakistan：are review [J] . African Crop Science Journal (17)：109 – 118.

NAZAR R N，1991. Potential use of PCR – amplified ribosomal inter – genic sequences in thedetection and differentiation of Verticillium wilt pathogens [J] . Physiological and Molecular Plant Pathology (39)：1 – 11.

PAMETER J R，SHEROWOOD R T，PLATT W D，1969. Anastomosis grouping among isolates of thanatephrus [J] . Phtopathology (59)：1270 – 1278.

PASCUAL C B，TODA T，RAYMONDO A D，et al，2000. Characterization by conventional techniques and PCR of Rhizoctonia solani isolates causing banded leaf sheath blight in maize [J] . Plant Pathology，49：108 – 118.

PELLEGRINO C，GILARDI G，GULLINO M L，et al，2010. Detection of Phoma valerianellae in lamb's lettuce seeds [J] . Phytoparasitica，38：159 – 165.

PERES A，LEFO C，1986. Phoma macdonaldii Boerema：Elements de biologic et. mise au point dune Methode de contamination artificial en conditions controlees [J] . Internet Sunflower Conference (14)：687 – 693.

PETHYBRIDGE S J，SCOTT J B，HAY F S，2004. Genetic relationships among isolates of phoma ligulicola from pyrethrum and chrysanthemum based on ITS sequences and its detection by PCR [J] . Australasian Plant Pathology，33：173 – 181.

RAI M，DESHMUKH P，GADE A，2009. Phoma Saccardo：Distribution，secondary metabolite production and biotechnological applications [J] . Critical Reviews in Microbiology，35 (3)：182 – 196.

ROUSTAEE A，BARRAULT G，DECHAMP – GUILLAUME G，et al，2000. Inheritance of partial resistance to black stem (Phoma macdonaldii) insunflower [J] . Plant Pathology，49（3）：396－401.

ROUSTAEE A，COSTES S，DECHAMP－GUILLAUME G，et al，2000. Phenotypic variability of *Leptosphaeria lindquistii*（anamorph：*Phoma macdonaldii*）a fungal pathogen of sunflower［J］. Plant Pathology，49：227－234.

ROUSTEE A，DECHAMP－GUILIAUME G，GELIE B，et al，2000. Ultrastructural studies of the mode of penetration by *Phoma macdonaldii* in sunflower seedlings［J］. The American Phytopathological Society，90（8）：915－920.

SACKSON W E，1992. On a treadmill：Breeding sunflowers for resistance to disease［J］. Annual Review of Phytopathology，30：529－551.

SAHARAN G S，MEHTA N，SANGWAN M S，2005. Diseases of Oilseed Crops［M］. New Delhi：Indus Publishing Co.

SCHWARTZ H F，GENT D H，2005. Phoma Black Stem. Sunflower XIV［M］. High Plains IPM Guide.

SEASSAU C，DEBAEKE P，MESTRIES E，2010. Evaluation of inoculation methods to reproduce sunflower premature ripening caused by *Phoma macdonaldii*［J］. Plant Diseases（94）：1398－1404.

STAJIC M，VUKOJEVIC J，DULETIC－LAUSEVIC S，et al，2001. Development of reproductive structures of *Phomopsis helianthi* Munt.－Cvet. et al. and *Phoma macdonaldii* Boerema on sunflower seeds－Helia（IFVC/FAO/ISA）.

VIRGILIO B，BARBARA S，STEFANO G，et al，2005. Characterization of *Phoma tracheiphila* by PAPD－PCR，microsatellite－primed PCR and ITS rDNA sequecing and development of specific primers forin planta PCR detection［J］. European Journal of Plant Pathology，111：235－247.

VOGLMAYR H，CONSTANTINESCU O，2008. Revision and reclassification of three *Plasmopara* species based on morphological and molecular phylogenetic data［J］. Mycologicak Research，112：487－501.

VOGLMAYR H，2003. Phylogenetic relationships of peronospora andrelated genera based on nuclear rinosomal ITS sequences［J］. The British Mycological Society，107（10）：1132－1142.

VOGLMAYR H，FATEHI J，CONSTANTINESCU O，2006. Revision of *Plasmopara*（Chromista，Peronosporales）parasitic on Geraniaceae［J］. Mycologicak Research，110：633－645.

VOGLMAYR H，KER M GÖ，et al，2002. Phylogenetic relationships of the downymildews（Peronosporales）and related groups based on nuckear large subunit ribosomal DNA sequenced［J］. Mycologia，94（5）：834－849.

VOGLMAYRH，RIERHMULLER A，GOKER M，et al，2004. Phulogenetic relationships of *Plasmopara*，*Bremia* and other genera of downy mikdew pathogens with pyriform haustoria based on Bayesian analysis of partial LSU rDNA sequence data［J］. The British Mycological Society，108（9）：1011 - 1024.

VOGLMAYRH，RIETHMULLER A. 2006. Phylogenetic relationships of Albugo species（white blister rusts) based on LSU rDNA sequence and oospore data［J］．Mycologicalresearch，110：75 - 85.

VUKOJEVIĆ J，1988. Diaporthe helianthi［M］//Anon. European Handbook of Plant Diseases. Oxford：Blackwell：315.

VUKOJEVIĆ J，MIHALJČEVIĆ M，D FRANIĆ- MIHAJLOVIĆ D，2001. CEON/ CEES Variability of *Phomopsis* populations in sunflower（*Helianthus annuus* L. ）［J］．Helia，24（34）：69 - 76.

WANG X J，ZHENG W M，BUCHENAUER H，et al，2008. The development of a PCR - based method for detecting *Puccinia striiformis* latent infections in wheat leaves ［J］．European Journal of Plant Pathology，120：241 - 247.

WHITE T J，BRUNS T，LEE S，1990. Analysis of phylogenetic relationships by amplification and direct sequencing of ribosomal RNA genes ［M］// INNIS M A. PCR protocols：a guide to methods and applications. New York：New York Academic Press：315 - 322.

YILDIRIM I，TURHAN H，OZGEN B，2010. The effects of head rot disease (*Rhizopus stolonifer*) on sunflower genotypes at two different growth stages ［J］．Turkish Journal of Field Crops，15：94 - 98.